"科学好简单"丛书

旋转吧，令人着迷的DNA

[阿根廷] 迭戈·戈隆贝尔　主编
[阿根廷] 劳尔·阿尔索卡拉伊　著
李文雯　译

南海出版公司

2024·海口

关于本书

（及本丛书）

在剑桥一所名叫"神鹰的教民"的小酒吧里，时常进出一些大学里的"科学怪人"，走进酒吧叫嚣着有一项改变世界的大发现。所以在 1953 年 12 月 28 日这个寻常的星期一，当两名男子兴奋地走进酒吧并宣布他们发现了生命的奥秘时，大多数人只是无动于衷地继续品味他们手中温热的啤酒和羊肉配薄荷。当然，他们没有任何理由相信正是这两个其貌不扬的年轻人——又瘦又高的美国小伙詹姆斯·沃森（用他自己的话说，他的大学生活就是在打网球和追女孩中度过的）和看起来稍微正经一点的"英国领导"弗朗西斯·克里克，发现了生命的分子——DNA（即脱氧核糖核酸）的分子结构。

很显然，这一时代生物界的重大奖项都颁发给了致力于人类基因解码的学者，而且这一势头将会持续。没有人能够否认 DNA 现实的和潜在的重要性，不管是在科学上、医学上，还是在政治、经济上。从另一方面来看，人类天性中的"想知道"也是卓有成效的，探索一下玩具娃娃里面有什么，小火车的内部构造是什么，雪花的结构是怎样的，蟑螂有些什么器官，那么，基因又有什么玄机呢？

在本书中，劳尔·阿尔索卡拉伊将为我们讲述一些关于侦探、牧师、国王以及普通男女的真实故事，并帮助我们从中探索 DNA 的奥秘。借此我们会发现，了解 DNA 的历史与科学以及它的应用也能更进一步地了解我们自己。

这部科普丛书是由科学家（和一小部分新闻记者）编写而成的。他们认为，是时候走出实验室，向你们讲述一些专业科学领域奇妙的历程、伟大的发现，抑或是不幸的事实。因此，他们会与你们分享知识，这些知识如若继续被隐藏着，就变得毫无用处。

迭戈·戈隆贝尔

将此书连同我的感激献给，

玛格丽特、玛塔、阿道尔夫、莫妮卡、苏西、雨果、

娜塔丽、戴博拉、玛丽亚、奈丽和佩德罗。

还有只比初稿晚几天来到这个世界的小托米。

致谢辞

感谢迭戈·戈隆贝尔，阅读了本书的初稿（第二稿以及第三稿）。感谢诺伯特·鲁塞姆和埃斯特班·哈森，布宜诺斯艾利斯大学精密科学与自然科学学院的教授，以分子学和进化学的专业视角审读了本书的倒数第二稿。感谢古斯塔沃·瓦森、胡安·雨果和梅奇亚·奥尔蒂斯，用他们年轻的视角阅读了本书。他们的建议、评论和修改为本书内容的改善提供了很大的帮助。

感谢亚历山大·拉伯西，特别是在书目材料上的帮助。

感谢玛丽亚，我亲爱的妻子，无条件地接受我在电脑面前写作时变得与世隔绝、不问世事。

感谢大家！

关于作者

劳尔·阿尔索卡拉伊

　　出生于阿根廷拉努斯。布宜诺斯艾利斯大学生物学学士与博士。担任阿根廷圣马丁国立大学害虫防治及其环境影响硕士课程的副教授。阿根廷国家科学技术研究理事会（CONICET）研究员，在科学和技术研究所的昆虫和害虫防治研究中心工作。其研究领域为虫媒病毒的生物学和病理学。自1998年开始为科学杂志《未来》写稿，著有一系列科普图书。

目录

第一章　**探索 DNA 之旅** _____ 001

一页纸的论述 _____ 005

细胞核中的纤维 _____ 009

展开的 DNA _____ 011

基因组——一本写满故事的书 _____ 015

第二章　**另一种指纹** _____ 023

纳伯勒小镇的恐慌 _____ 029

杰弗里斯博士的测试 _____ 031

告发者的 DNA _____ 032

关于 DNA 的线索 _____ 033

祖母与孙辈 _____ 038

这就是你将遗传的染色体…… _____ 041

第三章　人类史上群星璀璨的女性们 _____ 045

　　露　西 _____ 051

　　夏　娃 _____ 055

　　乌苏拉、泽尼娅、海伦娜、维尔达、塔拉、卡特琳、

　　　贾斯敏 _____ 059

第四章　Y 染色体的故事 _____ 065

　　婚姻与 DNA_____ 069

　　犹太人的身份（基因） _____ 071

　　伦巴人的传说 _____ 073

　　当杰斐逊遇见莎莉…… _____ 075

第五章　最后的尼安德特人 _____ 081

　　骨骼化石 _____ 084

　　不！他是尼安德特人！ _____ 086

　　尼安德特人的 10 个日常生活场景 _____ 089

　　我们和尼安德特人之间……有过交集吗？ _____ 091

　　DNA 差异 _____ 093

　　正确的观察 _____ 094

　　尼安德特人的 DNA 就在我们之间 _____ 096

第六章　**肤色问题** ＿＿＿ 099

　　　　复杂、模糊又武断的种族概念 ＿＿＿ 102

　　　　纯种至上 ＿＿＿ 104

　　　　紫外线辐射的利与弊 ＿＿＿ 106

　　　　毛发越少，黑色素越多 ＿＿＿ 107

　　　　假说的诞生 ＿＿＿ 109

　　　　阳光下的实验 ＿＿＿ 110

　　　　女人和其他特例 ＿＿＿ 113

第七章　**罗曼诺夫的墓穴** ＿＿＿ 115

　　　　凌晨的枪声 ＿＿＿ 119

　　　　一封包含两个谎言的电报 ＿＿＿ 121

　　　　带弹孔的骸骨 ＿＿＿ 123

　　　　家庭关系 ＿＿＿ 126

　　　　家族的基因突变 ＿＿＿ 128

　　　　安娜塔西亚 ＿＿＿ 131

　　　　另一个墓穴 ＿＿＿ 134

　　　　后　记 ＿＿＿ 137

第八章　**杀手"黄道十二宫"的DNA** ＿＿＿ 139

　　　　丧心病狂的杀人犯 ＿＿＿ 144

　　　　受害者 ＿＿＿ 144

杀手的来信 _____ 148

头号嫌疑人 _____ 151

邮票的发现 _____ 153

完美犯罪的美梦 _____ 155

结束语 _____ 158

第二版结束语 _____ 160

词汇表 _____ 162

推荐书目 _____ 165

第一章

探索 DNA 之旅

自然科学家爱德华·威尔逊曾计算过，如果一个人从地球的中心以正常步速朝地球的表面直线行走，在这过程中有12个星期是在炽热的岩浆和岩石中穿梭的。在到达地球表面之前的3分钟，他开始碰到一些细菌。一旦到达地球表面，他马上就会发现自己被包围在无穷的微生物、植物和动物之中，但再继续走不到半分钟的时间就能把这一切甩在身后。在2个小时以后，唯一能遇见的活物就只有飞机里面运载的生物了。

　　数百万种物种居住在表面5亿多平方千米、深几千米的地球区域内，它们之间互相依存、相互交换环境物资。地球的这个区域被称为生物圈。

　　150多万种物种已被科学家记载，但根据最保守的计算，地球物种总量应该超过了1400万种。统计数据自然是惊人的，但更让人吃惊的是，这些数据所代表的物种还不到史上所有生存过的物种总量的 1%。

当然，地球不是一直都像现在这样的。在 37 亿年前，如今在显微镜下看到那些生物是地球上唯一的居民。我们对它们知之甚少。我们认为它们是单细胞生物，几乎可以确定它们没有呼吸氧气。它们可能生活在一个温暖的水塘中，或靠近有热水涌出的深海峡谷。在这些生物的体内，携带着所有生存与繁殖的必要指令信息（对它们这种单细胞生物而言，繁殖就是分裂为两个子细胞）。

这些指令代代相传历经无数代。随着时间的推移，它们随机地变化着。这其中有许多不利于它们生存的变化会永远消失，而另一些有益的变化自然就留存了下来。就这样，它们开始出现结构更复杂的细胞，这些细胞成群结队但又各自相异，形成了组织与器官。再后来，它们逐渐离开水面并统治地球的每一个角落。历史上有过物种多样性大爆发和物种灭绝的交替时期，但生命总能找到通往未来的路。

就这样，我们人类出现了。我们既不是进化学最终的产物，在生物界也并非享有什么特权，但是我们发达的大脑给予我们一些其他的生物不具备的能力，让我们和它们有所不同。

　　我们是好奇的生物，一直以来都对指令充满好奇。大自然是怎么创造一个生物的呢？我们能做点什么像大自然那样来改变生物呢？我们开始不懈地寻找指令的根源，直到发现了它的奥秘。这些指令就藏在我们的细胞里面，在一个被我们称作 DNA 的分子里……

一页纸的论述

　　今天的我们知道不管是现在正鲜活的，还是曾经来过这个地球的生命，都是在脱氧核糖核酸（众所周知的 DNA）所携带的指令的指引下构建起来的。这个分子是由什么构成的呢？它又是如何运转的呢？什么是基因？什么又是基因密码呢？细胞又是如何形成蛋白质的呢？父母的指令信息又是如何遗传给子女的呢？科学家们在半个世纪之前才开始陆续发现这些问题的答案，并从此进入一个纷繁复杂、引人入胜又充满惊奇的世界。

　　研究这些问题的学科叫作分子生物学，这一学科既涉及遗传学又涉及生物化学。遗传学着重研究基因，而生物化学主要研究蛋白质。分子生物学的出现得益于科学家们对这两门学科之间相互关系的认识：基因里面携带制造蛋白质的指令。从此革命便产生了。生物学界一名伟大的思想家恩斯特·迈尔曾阐述："分子生物学的诞生意味着一个新研究领域的开拓、新科学家的出现、新问题的研究、新试验方法的采用、新的科学杂志、新的论文和书籍，还有新的英雄。"

关于 DNA 分子的论述于 1953 年 4 月 25 日首次在英国《自然》杂志上发表，这本杂志是全球最重要的科学刊物之一。论述的作者詹姆斯·沃森和弗朗西斯·克里克是在英国剑桥大学任教的两位教授。在那个年代，像沃森和克里克一样日夜钻研，试图揭开 DNA 之谜的科学家大有人在，但他们所发布的基因结构最终被证实是完全正确的。

可能有人会想：论述 DNA 的文章，那得需要多少页的数据、计算还有图表才能为我们剖析清楚这生命之谜。但事实并非如此。如果有人能在大学图书馆里找到那一期《自然》杂志，就会发现沃森和克里克的文章只占了区区一页的篇幅。DNA 的结构就是如此简单。

或许还会有人问沃森和克里克在正式确定 DNA 结构之前做了多少次实验，答案是一次也没有。他们的研究都是建立在已知信息上的，主要的研究数据来自莫里斯·威尔金斯和罗莎琳·富兰克林曾对 DNA 晶体做过的研究，这个研究也是建立在前人总结的科学数据之上的。经过旷日持久的讨论，沃森和克里克在这些信息的基础上建立了一项假设，然后用纸板做成代表 DNA 分子结构的模型，并反复尝试各种可能的结构组合，直到找到让他们觉得满意的答案。沃森和克里克发现 DNA 结构的过程就好比在制作一件艺术品。

1962 年，当沃森和克里克获得诺贝尔生理学或医学奖时，遗传学分支下的一门新学科在分子生物学的实验室里诞生了。那就是基因工程学。这门学科主要研究分析与操控 DNA 的技术，以及如何将生物体转型。

从发现 DNA 的结构到找到操控 DNA 的工具与方法历经了 30 多年的努力。如此耗费时间全因 DNA 非比寻常的长度：一个 DNA 完全铺展开来有好几厘米长。听起来好像不算什么，但如果你拿它和别的生物分子做比较的话，就知道它是一个"巨人"了。那么一个直径不到千分之一毫米的细胞里怎么容得下这样一个好几厘米长的 DNA 分子呢？这个貌似矛盾的问题，答案只有一个，那就是 DNA 以奇特的方式卷曲着（有的地方可说是超级扭曲），如此一来，比起完全展开时，卷曲时所占的空间就不值一提了。

　　在发现如何将 DNA 分离再重新聚合的正确方法之后，DNA 的操控技术才得以发展。首先发现的是"黏合剂"——一种叫作 DNA 聚合酶的酶，顾名思义，它能够聚合 DNA 碎片，将两个或者更多的 DNA 合为一体。1967 年，阿瑟·柯恩伯格利用这种酶在一支试管中复制出一种病毒的 DNA。3 年之后，能成功分离 DNA 的"剪刀"也被发现了。它来自一个名为限制性内切酶的蛋白质家族，是从细菌中提取出来的，其主要功能是毁坏入侵病毒的 DNA。每个种类的限制性内切酶（这种酶的种类还比较多）都拥有将 DNA 从特定地方切断的特质。

　　"黏合剂"和"剪刀"这两种工具的发现极大地推动了 DNA 操控技术的发展。现在我们可以将 DNA 从特定的地方剪断、分离，又在别的地方将它重新黏合。从此以后，基因工程学发展的脚步势不可挡。

　　在接下来的几年里，科学家们改变了各种有机体的 DNA 分子，得到了杂交 DNA（例如，病毒和植物细胞 DNA 的杂交，或者病毒和人类细胞 DNA 的杂交）。不仅如此，科学家们还设计了阅读解码 DNA 指令的方法，成功将基因信息从一个生物体转移到另一个生物体上，并完善了克隆技术（通过 DNA 提取复制、人工繁殖新生命的技术）。

在 20 世纪末期，科学家们成功克隆了哺乳动物，种植被消费的转基因植物，还建立了识别罪犯的 DNA 数据库。许多以前根本不存在的东西突然进入我们的现实生活，给了人类极大的震撼与惊喜。

但我们也不得不仔细地考量每一次前进中的伦理与法律问题，评估它所带来的风险与利益，确定我们应该设置的底线以及讨论应该由谁来设置底线的问题。新技术及其衍生产品的捍卫者和攻击者相继出现。宗教、政府、非政府组织、科学家、思想家和普通民众都提出过质疑、批判、赞扬和其他意见。此番讨论异常激烈，并将继续激烈下去，因为科学正在以前所未有的方式改变着我们的日常生活。

细胞核中的纤维

在电影《奇异的旅程》中，一艘载着几名船员（其中一名船员由拉蔻儿·薇芝扮演）的潜水艇在微缩后被注入一个人的血管中。其中有一个场景，薇芝离开潜水艇后，潜入血液中采集一块人体组织的样本。突然，一大堆野蛮的抗体向她发起了围攻，不依不饶地附着在她的潜水服上。薇芝返回潜水艇后，同行的伙伴们一起扑向她，疯狂地撕扯附着在她身上的顽固抗体。

如果他们能这样做的话，那我们也可以，当然我想说的是进入人体的细胞！探索哪一个细胞由你们选，人的身体里有几十亿个细胞可以选择。不，不，这个不行。这个是红细胞，里面富含血红蛋白却没有 DNA，对我们是没有用的。那边那一个吗？嗯，我看行，我们走吧。

现在在我们的面前就是一个人体细胞。我们首先看到的应该是细胞膜，它明确了细胞的边界，将细胞的内外部隔离开。这些漂浮在细胞膜表面的小岛状的东西是一种蛋白质，它的功能是控制各种物质出入细胞，同时也起到天线的作用，感应外界的信号传输。

进入细胞膜以后，我们就会发现细胞里充斥着一种纤维结构的物质。它的名字叫作细胞骨架，但它又不同于骨架，因为它的结构总是动态的。构成它的纤维素能够快速地分离再重新组合，并能呈现出各种不同的长度。细胞骨架的主要职责就是支撑起整个细胞并整合内容。再看那边那些球体，它们叫作溶酶体，里面包含多种水解酶。面向细胞膜的球体在将多余的物质排出细胞外。那些随处可见的长条状的结构叫作线粒体，细胞的呼吸就是靠它们完成的。在我们面前这一堆厚厚的像煎饼一样的东西叫作高尔基体，它是蛋白质的调度站。高尔基体的后面有一座管和囊的迷宫，它的名字叫作内质网，是生产蛋白质和脂类的重要工厂。占据我们整个视野的这个球状结构就是细胞核了，它也被一层膜严实地包裹着。在细胞核里面，有一堆和我们之前看到的细胞骨架大不相同的纠缠着的纤维状结构，它们就是染色体：由 DNA 和蛋白质组成。

展开的 DNA

　　一般情况下，人体细胞都带有 46 条染色体，为了便于识别，可以将它们按照结构与大小分为 23 对。每个人会分别从父亲和母亲那里继承一部分染色体。之所以会这样，是因为卵细胞和精子都各携带 23 条染色体（每一对染色体只派出一条染色体做代表），所以当卵细胞和精子结合的时候，一个拥有 46 条染色体的新细胞就产生了。

　　23 对染色体中，除第 23 对外，其余 22 对染色体中每对都是由两条几乎一模一样的染色体组成的，女性的第 23 对染色体是由两条相同的染色体（XX）组成，而男性的则是由两条不同的染色体（XY）组成。

　　我们取其中一条 DNA 链来看看它的成分是什么。你必须轻轻地抖一抖，把那些蛋白质抖下来。这样 DNA 就一览无余了。它是一条长长的线性分子（没有任何分支），它是由两根平行排列的链条构成的，这两根链条环绕着一个看不见的中心轴上，就像一个螺旋楼梯。这就是著名的双螺旋结构。

图 1　1953 年刊登在《自然》杂志上的由沃森与克里克提出的双螺旋结构

如果我们将这个分子解开，螺旋楼梯就会变成一个普通的楼梯（一级级的"阶梯"将两条链连接起来）。如果我们双手各抓住一根链条朝着反方向拉扯，"阶梯"自然就断裂了，两条链也就不再相连。

让我们来看看其中一条 DNA 链。构成它的是被叫作核苷酸或碱基的小分子。DNA 由 4 种类型的核苷酸组成：

腺嘌呤、胸腺嘧啶、胞嘧啶和鸟嘌呤（从这里开始，我们就分别叫它们 A、T、C 和 G）。

在 DNA 链上，每个核苷酸都强有力地紧紧连在一起。如果我们想要切断 DNA 链，需要花费的力气比分离两条链要大得多。

核苷酸在 DNA 链上的排列顺序并非偶然，它们按照既定的顺序依次分布。所以，当分子生物学家确定了 DNA 片段上核苷酸的排列顺序时，我们会说他对 DNA 片段进行了测序。

好，现在我们放开手中的两条链，看看会发生什么吧。呀！它们又重新平行并再次形成楼梯状！它们是怎么做到如此精准地回到原来的位置并完美配对的呢？秘密就在核苷酸里。如果我们仔细观察，就会发现在这段 DNA 链上，一条链上的每个核苷酸都刚好对应着另一条链上的核苷酸（因此，DNA 分子的长度是以核苷酸对数来衡量的）。如果我们再仔细观察的话，我们会发现另一个细节：A 对应的永远是 T（反之亦然），C 对应的永远是 G（反之亦然）。

这一点非常重要，因为当细胞分裂时，它必须复制它的 DNA，并确保它的两个子细胞接收到一模一样的遗传信息。在复制的过程中，双螺旋结构会舒展开，两条 DNA 链也会分开。这一系列活动都是在 DNA 聚合酶的引导下完成的，这种酶会以其中一条 DNA 链作为模型，复制生产其对应的另一条 DNA 链。

那这种酶又怎么知道新链上的核苷酸应该以什么顺序排列呢？答案在那个模型链上。既然知道 A 对应的永远是 T，C 对应的永远是 G，那么在对应的新链上自然也同样如此。这样一来，从一个分子上就可以复制出两个相同的分子，其中每个分子都携带一根原分子链和一根新链。参与 DNA 复制的这种酶效能很高，但并不完美，有的时候它也会出错（幸运的是这种情况并不多见），将核苷酸摆错位置，这时就会造成基因突变。引起突变的其他因素还有 X 射线、香烟的烟雾和紫外线辐射。

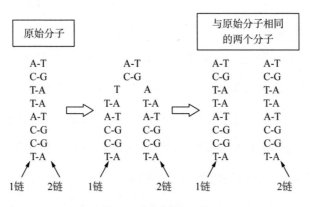

图 2 DNA 分子的分裂复制过程

图 3 突变的例子

基因突变的结果是多种多样的。它可能不会造成任何影响，但也有可能引起它所在的细胞甚至是生物体的死亡。超过 3000 种人类疾病，以及几乎所有癌症，都是由基因突变引起的。

基因组——一本写满故事的书

人类细胞的染色体共含有 60 多亿对核苷酸。基于这一数据，科学记者马特·里德利做出了以下计算：

- 人类细胞内的所有染色体展开排在一起，长度可达 2 米。
- 人类所有细胞的染色体长度总和，可达到 1600 亿千米（相当于以光速行进 6 天的距离）。

● 人类所有染色体的长度可达到 960 兆千米（相当于我们与最近星系的距离）。

通过人类基因组计划的结果我们了解到，10% 的染色体被基因占据了，基因就是包含制造蛋白质指令的 DNA 片段。而在剩下的 90% 里，我们能发现各种千奇百怪的东西，就像豪尔赫·路易斯·博尔赫斯的小说《通天塔图书馆》中描述的："我的父亲在一五九四环形通道的六角形书架上看到一本书，书中从头到尾就只有 M、C、V 三个字母毫无逻辑地重复出现。"这个比较只是字面上的。我们的基因组可是非常严谨有序的，它的每一次重复都是按照既定的组合排列的：

TTCCATTCCATTCCATTCCATTCCATTCCATTCCA

有的重复序列很长，有的较短，而重复的次数也可多可少。

我们的基因组另一个奇特之处是存在数十万个同一个序列的副本几十万次重复复制，分散在所有的染色体上。例如，Alu 序列，原本是由 300 对核苷酸组成的基因的一部分，但大概在数百万年以前，Alu 序列突然间从一条染色体跳到另一条染色体上，从此，凡是它到过的地方都留下自己的副本。我们的基因组里大概有 50 万个 Alu 序列的副本。

这些东西对我们的细胞有什么用呢（如果它们有用的话）？没有人知道。

基因携带制造蛋白质的重要信息，而这些看似毫无意义的 DNA 片段中夹杂着基因，博尔赫斯《通天塔图书馆》中的另一段文字似乎表述了这一情况："另一本书（在这个区域经常被借阅）纯粹是一座字母的迷宫，但在书的倒数第二页写着'啊，时间，你的金字塔'。这就弄明白了，即便是条理再清楚、表达再直接的文字也会引发无端的混沌、语言的混乱和前后不一的联想。"

我们通常用图书馆和书来形容基因组。有一种比喻是这样的：基因组就像一本有 23 个章节（23 对染色体）的书，每一个章节包含了上千个故事（基因），这些故事是由一种只有 4 个字母的文字（核苷酸）写成的。

蛋白质就是由这些故事转译而来的。之所以称它为转译，是因为蛋白质是用一种不同于基因的文字写成的（书写蛋白质的文字有 20 个字母，即 20 种氨基酸）。

基因住在细胞核内，从来不会踏出细胞核半步，但它的转译却是在细胞核外完成的。转译完成的地方便是第三种重要分子的所在地，它扮演了桥梁的角色，将 DNA 和蛋白质连接起来。它叫作信使核糖核酸（英文缩写为 mRNA），使用的文字和基因使用的文字几乎完全相同。我们已经知道 DNA 是由名为 A、C、G 和 T 的核苷酸写成的，而 mRNA 则由 A、C、G 和 U（尿嘧啶）写成。mRNA 分子是基因的副本，被输出到细胞核外。蛋白质的合成过程可以表达为以下步骤：

1. 在细胞核内，基因文本完成复制并生成新分子 mRNA。

2. mRNA 脱离细胞核。

3. 在细胞质中，文本被转译为蛋白质的表达式。

转译又是怎样完成的呢？它的过程就好比破译一段被编码的文本。基因文本里的词语都是由 3 个字母组成的，每一个词语都代表了一种氨基酸。细胞中的翻译系统会将基因中的 3 字词语转译为它所代表的氨基酸，并与基因文本相同的序列汇集在一起。这样便完成了蛋白质的合成。

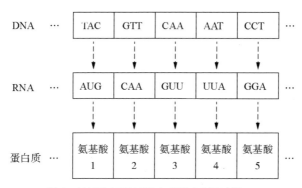

图 4　核苷酸序列转译为氨基酸序列的过程

蛋白质是我们身体的主要组成部分。蛋白质是细胞结构的一部分，它们可以促进各种反应（例如，消化和呼吸），调节出入细胞的物质，接收来自其他细胞的信号并给出适当的响应，将信息传达到身体的每一个角落，保护机体免受病毒的入侵，并运输氧气和二氧化碳。

1957 年，在英国实验生物学协会一次演讲中，克里克提出了分子生物学"中心教条"[①]，并附图做了说明：

DNA ⟶ RNA ⟶ 蛋白质

这一"教条"阐明了基因信息是如何在人体细胞中流

①　即中心法则。　——编辑注

动传播的：DNA 转录出 RNA，RNA 转译为蛋白质。但几年之后，克里克承认，他在命名时错误使用了"教条"这个词，当时他没有考虑到这个词的神学含义。实际上，他解释说，他将这个词与"公理"一词混淆了。"教条"一词源于希腊语，有"法令"之意。在宗教语境中，教条是不可否认的原则，不能用理性来检验。这个词通常带有信仰的含义，不适合用来描述一个科学的论断，因为科学理论是不停地被验证的，在必要时也要做出相应的修改。另一方面，公理是科学理论发展的基础。

在很长一段时间里，"中心教条"被认为是分子生物学界不可撼动的理论，当有人提出可能存在一种能以 RNA 作为模板制造 DNA 的酶时，这个想法遭到了很多质疑。但这种酶确实存在，当大家都不再对这个事实存有疑虑时，"教条"也应该修改了。随着时间的推移，新的发现让科学家们不得不在原有的表达式上多加几个箭头：

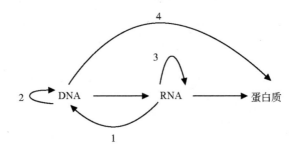

在分裂之前，每个细胞都会以它携带的 DNA 作为模板复制出另一组相同的 DNA 序列（箭头 2）。如此一来，DNA 得以加倍复制，而每个子细胞都能接收到一条来自母细胞的完整 DNA 序列。

如今，科学家们已经发现了好几种病毒所携带的基因信息是 RNA 形式的（例如艾滋病毒就是其中之一）。当一个细胞被感染时，一种叫逆转录酶的酶能以 RNA 为模板合成 DNA（箭头 1），然后用 DNA 分解出病毒蛋白质。有一些病毒的 RNA 能被作为模板生成更多的 RNA（箭头 3）。通过一些人工的操控，能以 DNA 作为模板直接生成蛋白质（箭头 4），但这种技术的成果非常有限，也没有证据表明这一过程可以自然发生。

第二章

另一种指纹

1985 年 7 月，英国遗传学家亚历克·杰弗里斯和他在莱斯特大学的同事在《自然》杂志上发表一篇文章，提出了一个新的鉴定人类身份以及确立亲属关系的方法。

　　方法大致是这样的：首先从人体组织（皮肤、血液、精液、头发）的样品中提取出它的 DNA，将它切成不同大小的片段并分开放置在同一个电场内；然后用少量的放射性 DNA 与基因组上的片段进行杂交，基因组的片段序列随个体不同而有差异；最后得到的结果就是一幅指纹图谱，这幅图谱上呈现的一系列条纹很像商品的条形码。就像我们的指纹一样，每个人的 DNA 条形码也是独一无二的，很难在这个地球上找到两个带有相同的 DNA 条形码的人。因此，科学家们将这种方法称为 DNA 指纹分析。

由于我们的 DNA 指纹都是从父母那里继承来的，所以 DNA 指纹上的每一条形条码都能在父亲或者母亲那里找到出处。这样，DNA 指纹在确认亲属关系时就派上用场了。

DNA 指纹分析用于确认亲属关系

一个女人起诉了一名知名演员，声称在一段时间以前怀了他的孩子。现在这名演员有名有利，她决定向他索要一大笔赡养费以维持自己和儿子的生活。而这名演员早在这个所谓的私生子出生之前就结婚了，他非常坚决地认定这个女人是在撒谎，并愿意带着全家一起接受 DNA 检测。实验室得到以下 DNA 指纹。演员是这个孩子的父亲吗？

可见，演员、演员妻子和作为原告的女人的 DNA

指纹是完全不同的，这自然在意料之中，因为他们毫无生物上的亲缘关系。演员的女儿呈现出的四段条码中，第一段和第四段（从上往下数）出现在她父亲的 DNA 指纹中，第二段和第三段与她母亲的 DNA 指纹相对应。毫无悬念，她是这对夫妻的亲生女儿。

而这个女人的孩子 DNA 指纹呈现三段条码，第二段和第三段条码出现在他母亲的 DNA 指纹中，而第一段条码，既没法与他母亲的 DNA 指纹相对应，也与演员没有任何关系，因为这一段条码是从他的亲生父亲那里继承来的，而这个人并不是这位演员。

从同一个人的血液、精液和头发中提取出的 DNA 指纹的条码是一模一样的。这一点在法医学中得到了极大的利用，因为在犯罪现场很容易找到这些人体组织。

DNA 指纹用于识别罪犯

我们从一名被强奸的妇女阴道中发现的精液里提取 DNA 指纹，并拿它与受害者及其他几名嫌疑人的 DNA

指纹做对比。他们之中有人是罪犯吗？

精液　受害者　1号嫌疑人　2号嫌疑人　3号嫌疑人

精液的 DNA 指纹与受害者的 DNA 指纹没有任何重合。这表明罪犯的精液并没有与受害者的阴道液相融合。1 号和 3 号嫌疑人被证明是无辜的，因为他们的 DNA 指纹上没有任何条码与精液的条码相对应。而 2 号嫌疑人的 DNA 指纹与精液的 DNA 指纹完全一致，由此可得出结论，他就是罪犯。

历史上，DNA 指纹分析技术首次投入实践是运用在亲属关系的确认上。一个加纳少年请求进入英国国境，并声称他的母亲合法居住在英国。移民处的工作人员并没有批准他的入境申请，因为他们认为这位年轻人在撒谎，他所谓的母亲其实是他的姨妈。于是他们找来了杰弗里斯，看能不能解决这个难题。结果，DNA 指纹证明年轻人所说的的确是事实。英国政府接受了DNA指纹分析报告的结果，批准了年轻人的入境申请。这是全世界范围内DNA检验首次被政府承认为有效证据的案例。

随着时间的推移，建立在人类基因组不同DNA序列研究上发展的科学技术出现了不少变化。这些技术已经被广泛地应用于实践之中，例如确立亲属关系，鉴定无名尸骸的身份，在刑事案件中为嫌疑人洗清嫌疑或确定其犯罪行为。下面这个故事依旧发生在英国，讲述了DNA指纹分析技术首次在刑事案件中是如何被运用的。

纳伯勒小镇的恐慌

琳达·曼恩的尸体是在卡尔顿·海斯精神病院附近的一条小道上被发现的，这座精神病院坐落在英国莱斯特郡的纳伯勒小镇的郊外。那是1983年11月的寒冷清晨，当时琳达只有15岁。

被害人因窒息身亡，罪犯强奸未遂，早泄。这是尸检报告得出的结论。当时从琳达尸体上采集到的罪犯精液中只得出了一个数据，罪犯的血型为A型。150名警察4个月的艰苦追查都不足以破获这起案件。几个月后，警力渐

渐减弱，案件始终没能侦破。就这样，3 年过去了，悲剧
又重演了。

唐恩·阿什沃斯的尸体是在同一座精神病院旁边的
另一条小道上发现的。唐恩的尸检报告显示，受害者被
罪犯用手勒死，并遭到残酷的性侵犯。当时的唐恩只有 15
岁，在她的体内发现的精液也属于一个血型为 A 型的罪犯。

这一次，警方在几天内就破案了。证人们的证词将嫌
疑引向了一个有轻度智力障碍的青年男子——理查德·巴
克兰德，他在精神病院的厨房里做小工。巴克兰德即刻被
逮捕了，在警方 15 个小时的讯问之后，他终于说出了警方
想要听到的话——确实攻击过唐恩·阿什沃斯，但他却坚
决否认参与过对琳达的犯罪行为。

僵持一段时间后，巴克兰德的父亲提出了做 DNA 检
测的想法，因为他曾在《读者文摘》中看过一篇有关 DNA
检测的文章。坚信自己已经找到凶手的警方同意了这个想
法，找来杰弗里斯做一次叫作 DNA 指纹分析的测试，杰弗
里斯工作的莱斯特大学离发现琳达和唐恩尸体的地方只有
几千米的距离。

杰弗里斯博士的测试

杰弗里斯拿到了从两名受害者体内找到的精液样本和巴克兰德的血液样本，分别获得了他们的 DNA 指纹，经过一番比较之后，他告诉警方他有一个好消息和一个坏消息。按照习惯，我们从坏消息说起：巴克兰德的 DNA 指纹和精液的 DNA 指纹并不吻合，警方逮捕的嫌疑人是无辜的。而好消息是，分别从两名受害者体内提取的样本得到的 DNA 指纹是一致的，也就是说，警方要找的只有一个人。

但警方和媒体并不相信这个结论。这个新技术到底有几分可信度呢？难道没有可能两个人携带相同的 DNA 指纹吗？"得在十亿、百亿、千亿、万亿甚至百万亿的人中才能找出两个携带相同 DNA 指纹的人。"杰弗里斯向媒体解释道，"基于现在全世界仅有约 50 亿人口，我可以断言每一个 DNA 指纹都是独一无二的，所以任何一个人的 DNA 指纹都不可能与这个地球上存在的或存在过的人重合，除非这个人是他同卵双生的兄弟。"

告发者的 DNA

巴克兰德被释放了（他说自己当时承认有罪是因为实在受不了来自警方的压力）。新一轮搜查又开始了。

警方怀疑凶手就住在犯罪现场周围的区域。基于这一假设，再加上对 DNA 指纹分析技术留下了深刻印象，警方决定孤注一掷，采用一个史无前例的方法：面向所有居住在纳伯勒小镇及其周边地区的 17 到 34 岁、A 型血的男性居民发布了一封公开信，请求他们自愿捐献口腔细胞用来做 DNA 指纹分析（口腔细胞只需要用一根棉签擦拭口腔就能得到）。

由于强迫市民提供身体样本是违法的，样本收集只能遵循自愿原则。警方的思路是，如果有人没有自愿提供样本便直接将他归入嫌疑人行列，再对他进行深入调查。接下来的几个星期，5000 多名男子陆续赶到指定地点做了样本采集。

就在纳伯勒小镇上，一个名叫科林·皮奇福克的男子惴惴不安地读完了警方的公开信，他其实并不知道 DNA 指纹这回事，但他立刻明白如果他不去参加样本采集的话一定会被警方注意，因为他就是凶手。

　　皮奇福克说服了他的一个同事顶替他去参加样本采集。他跟同事解释说因为自己有前科所以不敢去（这也并不是谎话，他曾经因为猥亵罪被逮捕过），并且许诺给这位同事一大笔钱作为报答。接着他把证件上的照片换成了同事的照片。没有人察觉这其中的改变。

　　过了几个月之后，皮奇福克这位大大咧咧的同事在酒吧喝了几杯酒，便开始向周围的人吹嘘自己的壮举。一个女人听到后立即向警方报告。不一会儿，他便被警方逮捕并接受了讯问。他毫不掩饰地承认了自己的违法行为，也供出了教唆他犯罪的主谋的名字。

　　警方在家中找到了皮奇福克，当警方跟他说明来的目的时，他以惊人的平静向自己的妻子道别后和平就范。他的 DNA 指纹与从被害人体内提取的精液样本的 DNA 指纹完全吻合。皮奇福克对两桩罪行都供认不讳。1988 年，他成为通过 DNA 证据被定罪的第一人（被判终身监禁）。

关于 DNA 的线索

　　在接下来的几年里，DNA 指纹分析在法庭上经常出现，用以指认罪犯、洗清嫌疑，或是确认亲属关系。随着时间的推移，科学家们在杰弗瑞斯所用方法的基础上发展出新的方法，进入更精密的研究阶段。基因工程学上的进步使得微观 DNA 的研究成为可能。

纳伯勒小镇的案子并不是唯一一次大范围使用 DNA 分析技术追踪罪犯的案例。史上最大规模的一次使用 DNA 进行调查的案件发生在 1999 年的德国，在分析了 16400 名自愿捐献者的 DNA 指纹之后，警方锁定并逮捕了一名谋杀 11 岁小女孩的杀人犯。

20 世纪末，在大家都清楚地认识到 DNA 分析是非常强大的身份确认工具时，国家 DNA 数据库出现了。国家 DNA 数据库由国家组织，收集人们的 DNA 数据，并将它们提供给那些致力于解决犯罪问题和法律问题的机构。

当国家 DNA 数据库开始存储罪犯和嫌疑人的基因信息时，有一些捍卫公民自由的律师和团体立刻表示抗议。他们认为，这就是计算机时代版的"被逮捕的嫌疑人永远是那几个"。这句话借用了电影《卡萨布兰卡》里面的经典台词，是由克劳德·雷恩斯扮演的警长说的。

1995 年，世界上第一个国家 DNA 数据库在英国建立。这里面存储了嫌疑人和被关押的罪犯的 DNA 数据，在 1998 年至 2011 年间，这些数据帮助警方破获了 30 多万起犯罪案件。

美国拥有全世界最大的 DNA 数据库——DNA 联合索引系统（CODIS）。在 2007 年末，这个数据库已经存有 500 多万人的 DNA 数据。大量的数据库和信息程序可以访问 DNA 联合索引系统并使用里面的信息，目的在于全世界每一个角落不管是过去的还是未来的犯罪案件都能被侦破。"罪犯可以改变他的栖身之所，但不能改变他的 DNA。"唐恩·海克汉姆在领导美国联邦调查局法医学系统时如是说。

最初，DNA 联合索引系统的建立是用来收集性犯罪者的 DNA 数据的，后来它的运用范围被扩大，其他类型罪犯的 DNA 数据也被收纳储存，同时还存有失踪人员、身份不明人员的 DNA 数据，以及犯罪现场采集到的生物样本的基因数据。

要完成一次身份确认，DNA 联合索引系统中一种名为微卫星 DNA 的序列会被用来做比较。它是 DNA 中重复单位最短的序列，会在 DNA 中连续反复出现，重复次数比较灵活。例如，在人类基因组中有一个名为 CSF1PO 的微卫星 DNA，它由 4 个核苷酸构成（TAGA），但它的重复方式大概有 20 种，重复方式的区别就在于它的重复次数不同：

TAGATAGATAGATAGATAGA

（CSF1PO 微卫星 DNA 重复出现 5 次）

TAGATAGATAGATAGATAGATAGATAGATAGA

（CSF1PO 微卫星 DNA 重复出现 8 次）

　　每个人的体内都有两种 CSF1PO 微卫星 DNA，一种继承父亲的，另一种继承母亲的，它们可能相同也可能不同。微卫星 DNA 的分析可以通过一种装置自动完成，只需要往这种装置内注入 DNA 样本即可。分析结果如图 5 所示，图中的每一个小高峰代表一种微卫星 DNA 的重复方式。

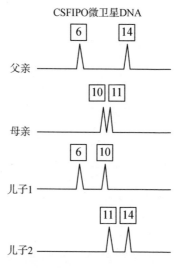

图 5　一对夫妻与两个儿子的 CSF1PO 微卫星 DNA 重复方式的比较。方框中的数字代表每种微卫星 DNA 中 TAGA 序列的重复次数。

由于微卫星 DNA 重复方式很有限，如果我们任意拿两个人做比较，这两个人很可能就拥有相同的 CSF1PO 微卫星 DNA 排列。这样的话就很有可能导致严重错误：误判一个没有犯罪行为的无辜者，或将两个没有血缘关系的人指认为亲属关系。为避免此类错误，会用 DNA 联合索引系统中的 13 种微卫星 DNA 来做比较。两个人拥有 13 种完全相同的微卫星 DNA 的概率为 77 亿分之一，借用杰弗瑞斯的话，可以断言整个地球上没有哪两个人拥有 13 种相同的微卫星 DNA（除非这两个人是同卵双生的兄弟姐妹）。

现在，DNA 分析在许多国家的法庭上都被承认为有效证据，包括阿根廷，DNA 分析的应用已经帮助解决大量的用其他方式无法解决的犯罪案件及其他事件。

虽然不是每次都能找到罪犯，但 DNA 分析能够帮助无辜的人洗清犯罪嫌疑，更戏剧性的是，有的人是在监狱里度过了漫长岁月之后才获得清白。美国 1971 年至 2002 年间，大概有 100 多名死刑犯被重新审判，最后宣告无罪后获得自由（这些人从被判有罪到获得无罪释放的平均时长为 8 年）。其中 12 起案件的澄清要感谢 DNA 分析技术的应用。

祖母与孙辈

在阿根廷，DNA 用于识别在最后一次军事独裁时期（1976—1983 年）失踪的儿童身份特别有用。据阿根廷失踪人口委员会的报告，这一时期共有 8960 人失踪。但"五月广场母亲"和其他人权捍卫者所估算的数值要比这个大得多。

当时许多被绑架折磨的女性都已经怀孕，最后只能在监狱中分娩。这些婴儿同其他被绑架的儿童一样，被贩卖、遗弃或是过继到杀害他们父母的凶手名下做养子女。数百名孩子被迫与他们的家庭分离，也丢失了自己的身份。

一天，"五月广场祖母"组织成立，它在独裁时期展开了活动。祖母们要找到她们失去的孙子孙女，并让他们回归自己原本的家庭。刚开始寻找的时候，她们并不知道如何判定一个人与另一个人是否有血缘关系。那个年代还没有现在使用的 DNA 分析技术。除此之外，孩子父母的逝世使亲缘判定变得复杂。要证明两个人的祖孙关系比证明亲子关系要复杂得多。

"当时我们只能看着他们的小脸寻找。""五月广场祖母"组织的领袖埃斯特拉·卡洛托讲道，"我自己都不止一次对一个怀里抱着小孩的妇女紧跟不舍，就因为她怀里的孩子长得很像我的一个儿子……记得有一次我跟了一个女人好久，直到从正面看到了她，我看着她的脸，又看看婴儿的脸，几乎一模一样，很显然，她一定是母亲。"

后来，人们通过比较血液中的蛋白质来确认或者排除亲属关系。1984 年，阿根廷司法部门第一次接受了一个小女孩的血液蛋白质分析报告，证明这个小女孩正是失踪人员的遗孤，几年前被布宜诺斯艾利斯警察局副局长收养。案件的主人公名叫宝拉·洛加雷斯，1978 年 5 月，宝拉和她的父母一同被绑架，当时的宝拉只有 23 个月大，而她的妈妈还有孕在身。

几年之后，"五月广场祖母"组织找到了宝拉，并向阿根廷联邦法庭提出了申诉。小女孩已经换了姓氏，为了证明小女孩的真实身份，法庭将小女孩的血液蛋白质和涉案家庭的成员——她的外婆、姨妈以及她的爷爷奶奶血液中的蛋白质做了比较。分析结果显示宝拉是洛加雷斯家族成员的可能性非常高。而她的养父母却坚持声称宝拉是他们的亲生女儿，但当法庭要求他们也做一个血液蛋白质分析来证明时，他们拒绝了。1984 年末，最高法院将宝拉的抚养权判给了她的外婆。而她的父母仍旧下落不明，也没人知道当年她的弟弟或妹妹的命运又是如何的。

3 年以后，在劳尔·阿方辛政府统治时期，第 23.511 号国家法律建立了国家基因数据库（BNDG），这个数据库设在布宜诺斯艾利斯的卡洛斯·杜兰德医院。2009 年，第 26.548 号国家法律规定国家基因数据库"确保获取、储存和分析必要的基因信息作为证据，以便澄清在国家范围于 1983 年 12 月 10 日前开始执行的反人类罪行"。国家基因数据库提供的服务是免费的。

几年之后，指认失踪人员子女的技术中也加入了 DNA 分析技术（血液蛋白质分析技术仍在使用），感谢这两种技术的联合运用，使得认亲错误的概率已经降到微乎其微。

截至 2011 年 8 月，"五月广场祖母"组织和她们的合作者已经成功恢复了 105 名孙辈的身份。但还有很多孩子仍然下落不明，找寻工作还在继续。

这就是你将遗传的染色体……

众所周知，女性的性染色体是 XX，男性的性染色体是 XY。

Y 染色体是人类染色体中最小的一个。它的长度为 6000 万对核苷酸，共携带 32 个基因（它的拍档 X 染色体的长度为 1.56 亿对核苷酸，携带 3500 个基因）。Y 染色体上有一个叫作 SRY 的基因，它确定了人类中男性的存在。

在人类胚胎形成的第二个月，SRY 基因开始促使睾丸发育与成熟，并激活一系列向男性化发育的进程。如果不是 SRY 基因，所有胚胎最终都会发育为女性。世界上存在染色体为 XY 的女性就是最好的证明（每 20 万个新生儿中就有一例），她们体内的 SRY 基因往往不能正常运行或是出现了缺失。

因为女性的性染色体是 XX，所以所有卵细胞也都是 X。而精子既有 X，也有 Y。当 X 精子与卵细胞结合时形成 XX 受精卵，最终会发育为女性；反之，如果与卵细胞结合的是 Y 精子，形成的便是 XY 受精卵，最终发育为男性。这就是为什么 Y 染色体只能从父亲那里继承。

通过一种叫作分子钟的方法，Y 染色体可以被用来重建父系族谱和计算进化时间。

分子钟

　　两个现存的族群（A 和 B）是从同一个原始族群进化而来的，但随着时间的推移，这两个族群各自累积的基因突变越来越多，也变得越来越不同。所以通过计算他们各自累积的基因突变次数，可以得出他们已经和原始族群分开了多少年。如果已知突变率（例如，一组特定的 DNA 序列在一万年内发生几次突变），就可以计算出累积已知次数的突变需要多长时间。这种通过计算累积基因突变次数来计算时间的方法，叫作分子钟。如图所示，最顶部的矩形代表原始族群的基因序列，从这一族群中分离出两个族群，随着时间的推移，他们各自累积了不同的基因突变。竖条表示突变。平均突变率是

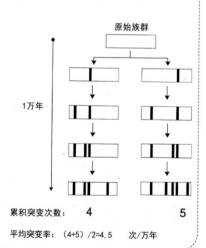

原始族群

1万年

累积突变次数:　　**4**　　　　　　**5**

平均突变率：（4+5）/2＝4.5　次/万年

指单位时间内累积的突变的平均次数。

分子钟的使用面临着一个重要的问题，那就是不能一概而论，因为不同的 DNA 序列的突变率是不同的，甚至同样的一组序列在不同的物种中表现出的突变率也是不同的。

我们用家族记录来追踪几代以前的男性祖先的踪迹。Y 染色体能够让我们追溯到几个世纪之前，找到当代人类群体的共同祖先。很多相关的科学研究都在用这项技术重塑人类的过去，寻找历史谜题的答案。

第三章

人类史上群星璀璨的女性们

线粒体是存在于大多数真核细胞内的粒状、短杆状或线状的细胞器，它是细胞进行有氧呼吸的场所：脂类和糖的代谢物在这里被转化成水和二氧化碳。这个过程需要氧气的参与，同时创造能量。这些能量被暂时储存，当细胞需要这些能量来维持生命活动时，能量随即被释放。线粒体中也携带DNA，而线粒体DNA的研究可以称得上是一个充满惊喜的盒子：

　　● 线粒体的染色体与细菌的染色体一样，是环形的。每个线粒体中通常有多个相同的DNA分子（一些特例除外，例如俄罗斯的末代皇帝；详见第八章）。

　　● 线粒体DNA的遗传信息和核DNA的遗传信息并不完全相同。例如，在细胞核的染色体中，序列ATA代表氨基酸中的异亮氨酸，而在线粒体 DNA 中则代表甲硫氨酸。

● 线粒体需要多种基因来维持它的正常工作，而这些基因有的在线粒体 DNA 中，有的在细胞核染色体中。

线粒体最惊人的地方在于，在上亿年以前，线粒体并不在细胞内，而是在细胞之外，而且也不属于细胞系统中的一部分，它是完全独立的存在。线粒体曾经是拥有自由的细菌。似乎有一天，它走进了一个细胞后就从此停留在那里。时光流转，它们之间的关系愈发亲密。有的线粒体基因被转移到细胞的染色体中并相互依赖。线粒体受益于细胞给予它的环境保护；而细胞呢，又能从线粒体创造的能量中得到好处。我们把这种互利双赢的关系叫作共生关系，而这种特殊的共生关系对任何一方来说都是不可逆转的。线粒体在离开保护它的细胞之后很快就会失去生命，对失去线粒体的细胞来说也面临同样的命运。

人类线粒体 DNA 的长度为 16569 对核苷酸（对于拥有 60 多亿对核苷酸的核 DNA 来说，这个长度微乎其微），包含 37 个基因。1981 年，科学家们测定了线粒体核苷酸的完整序列。

从某种角度上来说，线粒体 DNA 就相当于女性版的

Y 染色体。虽然它与性别没有任何关系，但线粒体 DNA 全是从母亲那里继承来的。每一个人，不管是男性还是女性，所携带的线粒体 DNA 完全来自母亲。之所以这样，是因为在卵细胞受精时，精子细胞的主体，也就是携带细胞核染色体的那一部分能够进入卵细胞，但它的尾巴，也就是携带父亲线粒体 DNA 的部分，却留在了外面（非常罕见的例外）。如此一来，受精卵中的线粒体全部由卵子提供（也就是说由母亲提供）。

就像我们通过 Y 染色体来研究我们父氏的先祖与人类的过去一样，线粒体 DNA 给了我们了解母氏先祖的线索。利用分子钟，我们构建了反映人类过去的进化树。

进化树

通过计算机程序，科学家们绘制出进化树，它能让我们透过遗传数据，更直观地了解族群或人种之间的进化关系。我们可以在进化树中使用分子钟合并时间因素，从而确定过去不同族群与共同祖先分离的时间段。

假设以下是通过研究来自 4 个非洲和 3 个亚洲族群的 7 种线粒体 DNA 中存在的突变来构建的进化树。比

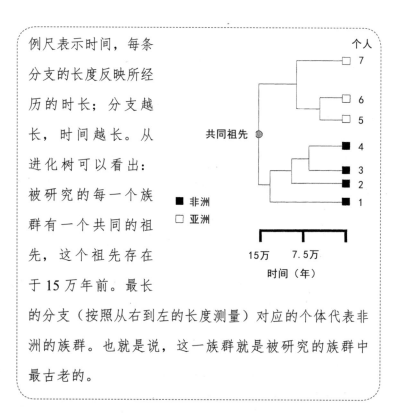

例尺表示时间，每条分支的长度反映所经历的时长；分支越长，时间越长。从进化树可以看出：被研究的每一个族群有一个共同的祖先，这个祖先存在于 15 万年前。最长的分支（按照从右到左的长度测量）对应的个体代表非洲的族群。也就是说，这一族群就是被研究的族群中最古老的。

接下来的几节将会用来讲述几位女性的故事，其中一位是我们人类在远古时代的始祖，她也是所有人类线粒体的母亲，除此之外，还会为大家介绍 7 位欧洲线粒体的女性先祖。

露 西

她身高 1 米出头，两只长手臂垂落在身体的两侧，但已经能直立行走了。强健的双腿赋予她卓越的奔跑能力。她属于人科，我们人类也属于人科，但她与我们完全不同。她生活在几百万年前的阿法地区（埃塞俄比亚）。我们叫她露西，但这并不是她的名字。

阿法地处地壳运动形成的断裂带上，它的一部分位于海平面以下。地基以玄武岩为主，是 400 万年前火山喷发后形成的。后来，这个地方变成了一个湖泊，动植物们在岸边生长、死去。被河流带来的物质渐渐地填满了这个湖泊，直到它完全消失。此处地形由地质断层雕刻而成，新河流在地面流动冲刷；这就暴露了那些曾经生活在这片古老湖泊周围的生物的遗骸。

1974 年 12 月 24 日正午，在肆虐的烈日之下，伯克利人类起源研究所的唐·约翰森在一块坡地上看见了暴露在地面的露西的手肘。接下来的 3 个星期，约翰森的手下修复了这幅古老骨架的 40%。

他们从盆骨推测出这是一个女人。从发现的牙齿可以推断，这个女人去世时在 20 岁左右。从腿的比例判断，她的身高不超过 1.2 米。因为她的头骨一直没能被找到，科学家们无法从她的头骨上获得任何数据。

在科考队的样本集中，这副骨架被标注为"标本 A.L.288-1"，但没过多久，大家都开始叫她露西，因为当时，在营地里非常流行披头士乐队的歌曲《缀满钻石天空下的露西》（科考队中的埃塞俄比亚工人们叫她登可雷希，在当地土语中意为"你很美妙"）。

约翰森花了将近 4 年的时间研究露西，他的最终结论是露西与已知的人科的所有种类有很大的不同。为了给她归类就不得不创造一个新的种类，约翰森以纪念发现地的方式将这个种类命名为阿法南方古猿。自此，人科大家族

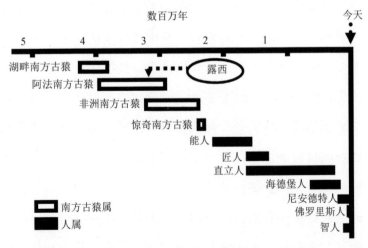

图 6　部分原始人类生活年代图表，以及露西所处的相对位置

里又增添了一名新成员。这个消息在科学界并没有被广泛关注与接受，但媒体却大张旗鼓地宣扬起来，没过多久就出现了与南方古猿相关的书籍、电视节目和报纸杂志。约翰森对露西的容貌充满好奇。如果科学家们能发现另一个阿法南方古猿完整的头骨，或许能帮助我们推测出露西的长相。

因为埃塞俄比亚政府在这段时间中断了考察工作的许可，探寻工作被推迟了 10 年。当考察工作许可再次恢复时，约翰森立即回到埃塞俄比亚。1992 年 12 月 26 日，他的同事约尔·拉克给他传来了他一直等待的好消息：发现了一颗阿法南方古猿的头骨。在探寻工作结束时，他们一共找到了 60 块头骨，花了 3 年的时间将这张脸复原。

在亚的斯亚贝巴大学（埃塞俄比亚），比尔·金贝尔耐心地剥落头骨碎片上附着的杂物，然后用石膏拼出头颅模型，再由拉克将它带到瑞士苏黎世大学。在苏黎世大学，克里斯托夫·佐里科夫和玛西亚·庞塞·德莱昂在计算机程序的指引下，用激光做出了一个男性的树脂头颅模型（不知道为什么，好像没有人想过要给他起一个名字）。在美国科罗拉多州丹佛市，约翰·古尔歇将不同的塑料泥依次覆盖在头颅模型上，这些塑料泥分别代表了肌肉、脂肪和皮肤。最后，他用自己的想象力给这件作品润了润色。

终于，科学家们可以面对面地直视这位生活在 300 万年前的雄性了，说不定我们都是他的后代。凸出的嘴唇，宽广的脸颊和额头，两个大鼻孔直直地指着前方，一对耳朵长在脑后。

最初，约翰森的同事都对阿法南方古猿这一物种抱有怀疑态度。在科学界，有很多难以舍弃先前确立的科学理论的例子。但最终，科学界还是会向证据投降（1918 年诺贝尔物理学奖获得者马克斯·普朗克说过，新的科学理论只有在它的批判者死后才会诞生）。

"为什么露西就能代表新的人科物种？"批判者们问，"难道不能把她归为某种已知的物种吗？"解剖学家菲利普·托拜厄斯称，露西身上至少有 15 种特质与非洲南方古猿相吻合。非洲南方古猿于 1925 年被发现，大概生活在 250 万年以前。托拜厄斯认为，阿法南方古猿应该被除名。但国际动物命名法委员会已经接受了阿法南方古猿这一物种名称。

现在已经没人质疑阿法南方古猿的存在。在好长一段时间里，露西曾是我们所知道的最古老的人类。但 1994 年时，她把这个头衔让给了地猿，这种生物比南方古猿更像猿类。地猿是被裂谷研究服务局的伯哈恩·阿斯福和加利福尼亚大学伯克利校区的蒂姆·怀特带领的国际考察队在埃塞俄比亚发现的。

地猿大概生活在 440 万年以前。他们的牙齿表明他们当时的主要食物为柔软的水果和蔬菜。但发现的残骸还不足以推断他们是直立行走，还是以类人猿的方式行走。

或许露西已经不是我们所知道的最古老的人类了，但她依然是最有名气的南方古猿。

夏 娃

1987 年《自然》杂志上刊登了一篇题目为《线粒体 DNA 与人类进化》的文章。

不久，一份报纸刊登一篇题为《我们共同的母亲——一个科学理论》的文章，也揭露了一个大发现。

这一发现很快就登上了《新闻周刊》的封面。封面上是一男一女的半身像，他们皮肤黝黑、头发卷曲，赤裸着上身（但女人的头发非常巧妙地遮住胸部）；女人手中拿着一个鲜艳可口的苹果，男人将手伸向可口的苹果，与女人交换了一个狡黠的眼神；在他们身后，一条蛇盘绕在一截粗壮的树干上朝他们吐着舌头。题目写着《寻找亚当与夏娃》。

最初的科学论文作者有丽贝卡·卡恩、马克·斯通尼金和加利福尼亚大学伯克利校区的阿伦·威尔逊，论述他们是如何通过分子钟构建人类进化树的，而分子数据是从来自世界各地的 130 份线粒体 DNA 样本中采集到的。

构建的进化树表明，现在生活在地球上的人类的线粒体都来自一个生活在大概 14 万到 29 万年以前的非洲女人，记者和科学家们将她称为"夏娃"。

声明：

1. 虽然科学家们称她为"夏娃"，但与圣经传统没有任何关系。"并不是说她是全人类字面意义上的母亲。"威尔逊解释道，"她只是给予全人类线粒体 DNA 的女性。"她也不是她所生活的时代里唯一的女性，她所属的族群里男男女女大概有 1000 到 2000 人。

2. 有的时候科学家们称她为非洲夏娃。这个形容词用得很准确，因为她出生且生活在非洲大陆的可能性非常高。她还有个名字叫线粒体夏娃，这个名字取得非常得当，用威尔逊的话说："全人类的线粒体都继承于她的线粒体，细胞核中的染色体却不是这样的，每对染色体都来自父母双方，每对都交换了遗传信息的，这个过程要复杂得多。"

3. 她存在于大概 15 万年以前（威尔逊和他的同事的研究成果后来被其他研究员纠正）。这正是进化树上从夏娃出现至今人类所经历的基因突变需要的时间。

4. 与夏娃同时代的女性后代去哪儿了呢？她们的血脉并没有流传到今天，在某个时间，她们的后代停止了生育，有可能是因为后代全是男性，或者女性后代在生育之前就已死亡，母系血统就此中断。

但批判的声音接踵而至。有人指出威尔逊和他的同事们在分子钟的计算中使用的突变率过高（如果这是事实的话，他们便低估了夏娃存在的年代）。也有人对夏娃是共同先祖的身份发起攻击，有的科学家称，他们用同样的数据重建了进化树，得出的却是另一个结论。"从一开始大家就对我们说的话产生误解。"威尔逊遗憾地说，"这不仅仅是因为媒体报道的偏差，我们的一些科学家同仁对此也有责任。"对威尔逊来说，"夏娃这个名字有的时候很方便，但也给我们带来了很多麻烦"。

威尔逊的研究工作遭到一系列沉重打击，因为其他研究员发现，他在计算夏娃所属年代时使用的数学公式出现了一些错误。然而，尽管这番理论三番五次被权威科学杂志否定，他们还是不屈不挠地抵抗着。

有关线粒体夏娃的争论主要还是围绕着人类起源的问题，而争论的焦点徘徊在两种解释现代人起源的模型中："非洲起源"模型和"多地起源"模型。

现代人起源模型表

非洲起源	多地起源
早期智人起源于非洲，欧洲人与亚洲人都是从非洲迁移过去的。	早期智人起源于非洲，欧洲人与亚洲人都是从非洲迁移过去的。
现代人出现在约 15 万年前的非洲，然后分散到世界各地，渐渐地取代了前现代人。现代人没有与前现代人发生基因的融合。	通过各个人种之间的基因互换，现代人的特征在近 200 万年以来逐渐显现，分布在非洲、亚洲和欧洲大陆上。
这一独特的非洲起源解释了现代人基因的同质性。	现代人基因的同质性是各人种大量混合形成的。
线粒体夏娃理论支持这一起源说，认为现代人的共同祖先生活在约 15 万年前的非洲大陆。	因此，现代人的线粒体不可能来自同一个 15 万年前的非洲祖先。
这一模型的支持者卡瓦利·斯福扎称："许多地区模型的支持者对种群遗传学一无所知。"	这一模型的支持者米尔福德·沃尔波夫说："夏娃理论该终结了……我不认为分子钟对人类奏效。"
*卡伦·布里克森的小说《走出非洲》中的情节与人类起源这一主题没有什么联系，讲的是一名有包办婚约在身的欧洲女人到非洲旅行以后爱上一个英国探险者的故事。这本小说的西班牙语版本为 *Memorias de frica*。	

在这篇启发线粒体夏娃理论（也有人称它为传奇）的论文发表后的几年里，威尔逊一直致力于另一项更加全面的研究，想借此巩固证明之前的研究结果。但他的同事们最终还是没能看到他发表研究结果，因为威尔逊在1991年被白血病夺走了生命。

乌苏拉、泽尼娅、海伦娜、维尔达、塔拉、卡特琳、贾斯敏

为了查明地球上数十亿居民的线粒体母亲所生活的地区和年代，威尔逊采集了全世界不同人群的DNA样本。最近，布莱恩·赛克斯带领的科研小组开始着手一项类似的科学研究，但他们的研究范围相对小一些，他们旨在构建欧洲人的线粒体进化树，并找到欧洲大陆上所有原住民的线粒体母亲。最后科研员发现欧洲人其实有7位线粒体母亲，因为欧洲大陆上一共存在着7种不同的线粒体基因组。当代95%的欧洲人的线粒体都与这7种基因组中的其中一种相吻合。

赛克斯给这 7 个女人分别起了 7 个看似神秘又充满异域风情的名字（乌苏拉、泽尼娅、海伦娜、维尔达、塔拉、卡特琳、贾斯敏），但他选择这 7 个名字的真实原因仅仅是因为这些名字与 7 种基因组在研究工作中所用的代码有着相同的外文首字母：U、X、H、V、T、K、J。她们组合起来被称作夏娃的 7 个女儿。

欧洲媒体不满足于这些名字，他们还试图为这 7 个女人寻找她们各自的当代形象。法国演员碧姬·芭铎成为海伦娜的当代形象，与乌苏拉相对应的是希腊裔美国籍歌唱家玛丽亚·卡拉斯，维尔达则是拉丁裔美国籍女演员詹妮弗·洛佩兹。赛克斯为自己的新发现感到激动不已，他有一种想要重新构建 7 个女人生平的强烈愿望。他收集了考古学、气候学、地质学以及人类学等多方面的信息，然后再加上丰富的想象力，总结出了她们所处的环境。

乌苏拉。她生活在 4.5 万年前的希腊。那时候地球气温骤降（开始进入冰河时期）。乌苏拉生活在一个游牧狩猎采集区，族人们以狩猎采集为生，使用燧石制造的刀具。燧石是石英的一种，更容易被打磨。乌苏拉与尼安德特人是同时代的。尼安德特人在 1.5 万年以后从地球上灭绝了。

11%的欧洲人都是乌苏拉的后代，现在遍布整个欧洲大陆，但在大不列颠岛和斯堪的纳维亚半岛更多见。

泽尼娅。她生活在2.5万年前的高加索山区。欧洲大陆的冬天气温只有零下20摄氏度。尼安德特人已经灭绝了，泽尼娅和她的同伴们是地球上唯一的原始人类。他们使用带有燧石尖端的长矛头和木头或骨头做的短小工具，配合使用能够徒手将长矛扔得更远。当时欧洲大陆上还生活着大群的野牛和猛犸象。泽尼娅的血脉在欧洲大陆上分为3支扩散，其中：一支分布在现在的东欧；其他两支覆盖中欧，远至英国和法国。她的部分后裔一路向东迁移，通过亚洲到达了美洲大陆。1%的美洲原住民也是泽尼娅的后代（主要指奥季布瓦人和苏人）。

海伦娜。她生活在2万年前的比利牛斯山脉。那时正值冰河时期的高峰期，整个欧洲北部都被冰雪覆盖着。她的部族是最成功的，因为47%的欧洲人都是她的后裔。

维尔达。她生活在1.7万年以前的西班牙北部。5%的欧洲人都携带了她的线粒体DNA，特别是在欧洲大陆西部和一些萨米人部落。萨米人也是斯堪的纳维亚半岛北部的原住民后代。

塔拉。她生活在1.7万年前的气候最温和的意大利托斯卡纳地区。大约 9% 的欧洲人继承了她的线粒体（其中包括赛克斯），她的后人主要分布在欧洲大陆西部和地中海沿岸，特别是英国和爱尔兰的西部地区。

卡特琳。她生活在 1 万年前的意大利东北部。在她去世 1 万年后，她的一位后人在穿越阿尔卑斯山脉的旅途中不幸丧生，遗体一直被保存在冰雪之中，直到 1991 年才被 2 名德国登山爱好者发现（详见第六章）。6% 的欧洲人延续她的血统，如今主要分布在地中海地区。

贾斯敏。她生活在 1 万年前的叙利亚地区。她所在的部族大概是这 7 个女人的部族中唯一一个长期从事农耕作业的。那时候千年的冰川开始渐渐融化，海平面和地球温度也在渐渐升高，越来越接近我们现在的水平。她的后人们迁移到欧洲，并带来了农耕技术，在地中海沿岸和欧洲大陆的中北部定居下来。17% 的欧洲人都是她的后代。

追溯到更久远的年代，赛克斯找到了这 7 个女人的线粒体祖先。例如，贾斯敏和塔拉的亲缘关系可以追溯到现代人类到达欧洲之前，她们有一位曾生活在中东的共同母亲。而这 7 个女人共同的祖先，也就是线粒体夏娃的后人，早就存在于这位母亲之前了。

利用最近几年公布的世界各地上千人的线粒体序列，

又找到了其他 26 个部族，再加上 7 个欧洲部族，一共有 33 个部族，其中 13 个部族来自非洲。新的研究结果依旧将人类的起源指向非洲大陆。

其他科学家用 Y 染色体的 DNA 也做了类似的研究。不管怎么说，探究遗传历史的另一面也不是什么坏事。那 Y 染色体告诉我们的故事是否和线粒体相同呢？或者像有人问过的，它们有没有可能是非洲的夏娃和亚洲的亚当呢？

赛克斯对这个问题十分关注，因为他那番关于 7 个女人的数据理论受到了卡瓦利·斯福扎的评判（斯福扎是通过遗传学重建人类历史的先锋人物，是这一学术领域最著名的专家）。

赛克斯当时正在伦敦参加学术峰会，一份传真传到了他的手中，传真里是一篇关于欧洲人 Y 染色体起源的科学论文。当他看到卡瓦利·斯福扎是这篇论文的 17 名作者之一时，他非常担心和紧张，做好了最坏的打算，匆忙地读了起来。

论文表明，欧洲人 Y 染色体可以分为 10 个谱系。赛克斯跳过了纷繁复杂的统计分析，直接跳到了文章的结尾。作者在论文结论中对 7 个女人的数据理论表示赞同。

赛克斯顿时松了一口气，线粒体 DNA 和 Y 染色体讲述的故事十分相似。

在那篇引起线粒体夏娃辩论的科学论文发表的 20 年后，争论还在继续。但这期间，科学家们在线粒体 DNA 和 Y 染色体的基础上构建了新的进化树（亚当的 10 个儿子，夏娃的 18 个女儿，以及 10 对欧洲人先祖）。

对人类起源的重构就像拼一幅拼图，每一次新的研究成果都带来一块新的拼图碎片。毋庸置疑，科学家们还得不停地做出修改并提出新的假设。这并不是什么坏事，因为这就是科学的本质，也是进一步了解我们所生活的世界的最好方法，特别是找到这个重大问题的答案：我们从哪里来？

第四章

Y 染色体的故事

20 世纪 70 年代，遗传学家开始怀疑，在很久以前的某个时刻，X 染色体和 Y 染色体的差别其实并没有像现在这么大。人类基因组计划的研究结果证实了这一想法，并让科学家们得以重塑染色体的历史。

3 亿年以前，地球上生活着一种没有性染色体的爬行动物，它是所有鸟类和哺乳动物的祖先。鸟类和哺乳动物都是有性染色体的，但是只有哺乳动物拥有 SRY 基因，这种基因在胚胎形成时就决定了男性特征。

几乎在 SRY 基因出现的同时，携带它的染色体开始发生一系列的变化，但这些变化只对这一对染色体的其中一条产生影响。在这一变化的作用下，染色体序列被打乱后重新排列，科学家将这一变化称为倒位。染色体倒位是指同一染色体同时发生两次断裂，两个断点之间的片段旋转

180 度后重接，造成染色体上一段 DNA 序列的顺序颠倒过来的现象。例如：

ACG<u>TAC</u>GG　———→　ACC<u>ATG</u>GG

下划线段被颠倒。

　　性染色体中只有一条染色体发生这样的变化，但也造成了严重的后果，因为这两条染色体不再认为对方是结对的伙伴，其中一条 X 染色体已经发生了多次倒位，而另一条却没有，随着时间的流逝，它们的差别变得越来越大，直到有一天分别成为 X 染色体和 Y 染色体。

　　但这并不意味着 Y 染色体的故事就这样结束了。由于 Y 染色体的不同而被其他染色体隔绝，于是它继续进化，淘汰掉那些不重要的 DNA 区域，体积继续减小，最后变成了体积最小的染色体，但它携带的遗传信息却都是必不可少的。

　　在一些科学家们潜心研究 Y 染色体历史的同时，还有一些科学家们在试图通过这条染色体更多地认识我们自己。接下来，我们来看看婚姻习俗、移民、传说、总统的丑闻，以及 Y 染色体和他们之间的关系。

婚姻与 DNA

在某些社会中，严格规定着哪些人之间可以结婚以及一个人可以同多少人结婚，这些规定反映在 DNA 的分布情况上。

在没有婚姻限制的社会里，人们可以同任意一个人结婚，这时候 DNA 的移动是完全自由的，在人群中均匀地分布。但如果婚姻受到严格的限制，情况就大为不同了。假设在一个社会里，规定人们只能与同一社会群体里的异性结婚，那么这些人的线粒体 DNA 和 Y 染色体就只能在同一社会群体中移动。如果我们将不同的社会群体拿来做比较，就会发现每个群体都有自己的线粒体 DNA 和 Y 染色体的品种，它们的分布并不是均匀的。

在农耕社会，土地往往都是由父亲传给儿子。由于这一习俗，男人们通常长期居住在自己出生的地方。而女人们一旦步入婚姻，就会从自己出生的地方搬到丈夫所在的地方生活。当女人们从一个地方迁移到另一个地方时，她们的线粒体也在不同群体中分布（也就是说，不同群体间的差别不大）。相反，由于男人们一直留在他出生的地方，群体之间就没有 Y 染色体的交换（群体之间 Y 染色体的差异就非常明显）。

为了验证这一理论的真伪，哈佛大学的马克·赛斯塔尔和他的同事们对非洲 14 个部落的志愿者 DNA 做了分析。分析结果证实了先前的理论猜想，14 个部落的 Y 染色体相比线粒体 DNA 存在更大的差异。

在西奈半岛的部落之间，线粒体呈现出较大的差异，因为这些部落实行的是一夫多妻制。同一个家庭的兄弟携带来自同一个父亲的相同的 Y 染色体，但却拥有来自不同母亲的线粒体 DNA。

另一个有婚姻限制的例子是印度教，其有着复杂的种姓制度和严格的禁忌。不管是种姓还是次种姓，他们都有自己非常封闭的内部通婚系统，每个系统都有自己的行为规定或路径准则。

在印度教徒中，线粒体 DNA 几乎是按照社会阶层分层的。社会交往较为密切的种姓之间有相同的线粒体序列，因为女人们一旦步入婚嫁，就会在这些种姓之间移动。而在没有社会交集的种姓之间，他们的线粒体序列就大为不同，因为这种种姓之间的隔绝程度几乎是绝对的。

犹太人的身份（基因）

几个世纪以来，犹太人都遭受着种族主义的攻击与迫害，并多次被迫流亡世界各地。犹太人的第一次大迁移发生在公元前587年，新巴比伦王国国王尼布甲尼撒二世攻陷了耶路撒冷，将其居民驱逐到巴比伦。

近半个世纪以后，波斯国王居鲁士二世占领了巴比伦并解禁了犹太人，于是犹太人们重新回到耶路撒冷，重建了他们的圣殿。公元70年，罗马皇帝韦斯巴芗摧毁了犹太人的第二座圣殿，导致犹太人们从此分散流亡到欧洲、非洲以及中东。

现在世界上存在两个主要的犹太群体，一个在中欧和东欧（德裔），另一个在伊比利亚半岛和北非（西班牙裔），这两个群体在几个世纪以来都处于相互隔绝的状态。

遗传学家卡瓦利·斯福扎在20世纪90年代初指出，在历史上，犹太人一直坚持着严格的内部通婚传统，他们的基因遗传下来。所以如果我们发现世界各地的犹太人拥有相似的基因，或是发现他们与中东其他群体间有相似的基因，都不足为奇，因为他们有更古老的共同起源。为了验证这一猜想，迈克尔·哈默和他的同事们从基因上追寻现代犹太人群体的起源。

　　哈默的研究工作首先从比较犹太人与非犹太人的 Y 染色体开始，来自欧洲、非洲北部、撒哈拉以南的非洲地区和中东的 29 个不同群体（7 个犹太人群体和 22 个非犹太人群体）1371 名志愿者为这项研究捐献了染色体。

　　研究结果显示，这 7 个犹太群体中有 6 个群体的基因拥有极高的相似度，这 6 个群体是同一个古老部族的后代。虽然他们经历了迁移和长时间的隔绝，但他们的基因至今保持一致。唯一的例外是埃塞俄比亚的犹太人群体，他们显然已经和埃塞俄比亚以及非洲其他非犹太人混合了。

　　血缘关系最密切的两个群体是摩洛哥犹太人和伊拉克犹太人，他们极有可能是流亡到巴比伦之前居住在耶路撒冷的希伯来人的直系后代。另一个重要的数据，在欧洲，在过去的 50 代人中，只有 0.5% 犹太人与非犹太人结婚。

　　这些犹太人群体与巴勒斯坦人和叙利亚人的基因也表现出了高度相似的亲属关系。他们似乎都是几千年前居住在中东的一个古老部族的后裔。

伦巴人的传说

从北方一个名叫塞纳的城市驶来了一艘船，停靠在非洲海岸。船上全都是男人，其中一半船员已经在途中身亡了。这些人在他们登陆的地方建造了一个城市，也称它为塞纳。多年后，他们渐渐地驶向内陆，建立了一座雄伟的石头城。他们的日子一直过得风平浪静，直到有一天他们违背了神的律法，不得不吃老鼠。

这是伦巴人讲述的他们祖先的故事，伦巴人讲班图语，他们由十几个部族组成，分散生活在莫桑比克共和国、南非共和国以及津巴布韦共和国，其中最古老的也是最受尊重的部族叫作布巴。

伦敦大学亚非学院的图德·帕菲特对伦巴人的研究工作已经持续好几年了，他认为塞纳城确实在历史上存在过，就在今天也门共和国的哈德拉毛省。在那里，有一个3000人的部落，它有着一个与传说中的城市相同的名字，这一地区还有几个部落有着与伦巴人氏族相同的名字。当地有这样一个传说，塞纳城曾经是一座朝气蓬勃的城市，直到有一天，一直灌溉城市的石头大坝崩塌了，人们才不得不离开这个地方。

帕菲特对这一传说的真实性十分感兴趣，为了了解这个传说到底有几分真实，他收集了一系列男性伦巴人的DNA 样本，并拿来与班图人、也门人和欧洲、亚洲、美国的犹太人的 DNA 进行比较。这项分析由一个国际科学家团队完成，曾经研究过犹太人 Y 染色体的卡尔·斯科雷基也在这个团队中。

研究表明，伦巴人的 Y 染色体具有混合血统，既有闪米特人也有班图人的基因。从数据中无法分析出伦巴人的闪米特基因是来自阿拉伯人还是犹太人，但总的来说，这些分析数据与传说并不矛盾。一项额外的发现增加了传说的可信度：9% 的男性伦巴人，特别是 53% 的布巴族男性伦巴人带有犹太人特有的核苷酸序列。

伦巴人的基因中为什么会有这一序列呢？相对于阿拉伯人在非洲海岸几个世纪的居住历史，犹太人迁移到非洲的时间很短。当然，也有犹太人在阿拉伯半岛的南部生活过，或许这些犹太人中有人曾去过非洲，并把他们的基因传给了伦巴人，但史料上没有任何关于这一冒险行动的记录。

帕菲特说，伦巴人也没有躲过"被观察者影响观察者"这句话。因为已经有美国犹太人带着托拉卷轴和相关的书籍飞到伦巴人的土地，想向他们介绍犹太教的最新情况。

当杰斐逊遇见莎莉……

克林顿和莱温斯基的丑闻是美国总统史上最近的一次性丑闻，但这并不是第一次发生。大概200多年前，当时在任的总统托马斯·杰斐逊被指控和弗吉尼亚州庄园中的女奴莎莉·海明斯有着不正当的关系。

莎莉出生于1773年。她的母亲贝蒂·海明斯是非洲人的后代，父亲约翰·威莱斯是英国海军上校，也是托马斯·杰斐逊的岳父（莎莉也算杰斐逊的半个妻妹）。威莱斯1774年过世的时候，莎莉和他的一些财产一起转给了杰斐逊。

1787年，丧偶的杰斐逊在美国驻法国大使馆任职，他把一直待在美国的女儿玛丽也接到法国和他一起生活，而莎莉作为玛丽的女仆也一起去了法国。两年之后，他们都回到了弗吉尼亚。莎莉在杰斐逊的私人庄园蒙蒂塞洛安定下来，在那里继续照顾玛丽。她的职责就是打扫豪宅，保持杰斐逊的房间和衣柜的整洁。在1790年到1808年之间，莎莉生了好几个孩子：托马斯、贝弗利、哈雷特、马蒂森、埃斯顿，还有一个早年夭折的女儿。

1801 年，杰斐逊首次担任美国总统。次年 9 月，记者詹姆斯·卡伦德在里士满的一家报纸上发布了一条消息，称总统与自家女奴维持着不正当的同居关系，而且已经育有 6 个孩子。

反对派广泛传播了这个消息，但不管是在公众面前还是在私底下，杰斐逊从来没有正面回应过这则指控，甚至在马萨诸塞州的国会议员的质疑面前也没有给过回应（这一次，他只承认自己在年轻时曾对一名有夫之妇提出过不情之请）。但丑闻似乎并没有影响到杰斐逊的声望，两年之后，他再次当选总统。

卡伦德的指控从来没有被证实过，但直到今天仍被默默关注。支持这一绯闻的证据主要有 3 点：一是杰斐逊很多时候并不在自己的庄园，但每次莎莉怀孕的时候，他都在庄园；二是莎莉有几个儿子的长相和杰斐逊惊人地相似；三是有的孩子声称他们的母亲向他们透露过杰斐逊就是他们的父亲。

杰斐逊被美国人民敬重为国父之一，他是美国第三任总统，同时也是《独立宣言》的起草人。他在任职期间，从法国手里收购了路易斯安那州，建立了新首都华盛顿。虽然杰斐逊反对奴隶制，但他认为如果废除奴隶制会引起危险的人种混合。他的头像被印在 5 美分的硬币和 2 美元的钞票上，也是拉什莫尔山上的总统雕像中的一员。

莱斯特大学的尤金·福斯特和其他几位遗传学家想要找到莎莉和杰斐逊传闻的证据，于是对托马斯·伍德森和埃斯顿·海明斯·杰斐逊（分别为莎莉的大儿子和小儿子）的 5 个男性后代的 Y 染色体进行了分析。我们可以看出，埃斯顿继承的是他认为的父亲的姓氏。

杰斐逊没有被承认的男性子嗣，所以用来做比较的 Y 染色体来自于他的叔叔费尔德的 5 个后代。

有的传闻说莎莉的孩子们之所以和杰斐逊长得很像，是因为这些孩子其实是莎莉和总统的外甥塞缪尔或皮特·卡尔生的。考虑到这一可能性，科学家们在分析对象中又加入了约翰·卡尔（塞缪尔和皮特的爷爷）的 3 个后代的染色体。

研究以上提到的对象的 19 组 Y 染色体序列得到了以下发现：

● 费尔德叔叔后代的 Y 染色体序列组合十分奇怪，科学家们没能在 670 个欧洲男性的基因样本中找到相似的序列，也没能在 1200 份来自世界各地的基因样本中找到相似的。

● 莎莉的大儿子托马斯·伍德森的 4 个后代的 Y 染色体都具有欧洲人的特征。

● 伍德森的第 5 个后代的染色体与他的亲人们相差甚远，却与撒哈拉以南的非洲群体有些相似。这一小细节表明，在伍德森家族史中出现过一个被隐匿身份的私生子。

● 莎莉的小儿子埃斯顿·海明斯·杰斐逊后代的染色体与费尔德叔叔后代的染色体一致，与约翰·卡尔的后人完全不同。

最简单的解释就是埃斯顿·海明斯·杰斐逊确实是托马斯·杰斐逊的儿子。还有一些别的可能性，但这些说法都没有历史数据的支持。杰斐逊的兄弟兰多夫和 5 个侄子，他们都携带相同的 Y 染色体，所以任何一个人都可能是埃斯顿的父亲。但是历史上没有证据表明在莎莉怀孕的时候他们也在蒙蒂塞洛。

杰斐逊在世的时候，释放了莎莉的几个儿子，给了他们自由，而其他几个仍然是奴隶的儿子也在他的遗嘱中获得了自由。1826 年，杰斐逊去世后，他的女儿玛丽宣布莎莉获得自由，莎莉从此搬到了麦迪逊和埃斯顿在夏洛茨维尔的家中。1835 年，莎莉去世。

据一些可靠的见证人描述，莎莉是一名肤色亮丽的漂亮女子。但没有留下任何有关于她的肖像，也没有关于她对这段故事的看法的文字记录。

第五章

最后的尼安德特人

1991 年 9 月，一对德国夫妇在意大利阿尔卑斯山登山时在冰川里发现了一具有着 5000 年历史的木乃伊。很快，这具木乃伊就有了名字，人们叫他"冰人蒂罗尔"。科学家们将他的 DNA 与现代欧洲人做了比较后发现，他与欧洲中部和北部的居民有着亲缘关系。这个研究项目的领头科学家布莱恩·赛克斯发现，冰人蒂罗尔的 DNA 和一名自愿捐献者的 DNA 完全相同。在重新翻阅档案时，他发现这份 DNA 样本的捐献者正是他的一位好朋友。

　　赛克斯还发现了切达人在世的亲属。切达人是 1903 年在英国切达峡谷内出土的人类化石，距今已有 9000 多年历史。科学家们将化石的 DNA 与当地一所学校的老师与学生的 DNA 做了比较，结果发现化石的 DNA 与 3 名学生和 1 名历史老师的 DNA 完全吻合。

我们都知道我们有生活在远古时代的祖先，但如此面对面地与祖先接触又是另外一回事了，例如赛克斯那位朋友的想法就发生了转变。对她来说，这具木乃伊不再是新奇事物，她是带着亲人的眼光去看他的。

有的科学家甚至追溯到更遥远的时代，试图探究现代人与尼安德特人之间是否有亲缘关系。尼安德特人是 2.9万年以前就已经灭绝的古人，他与我们不属于同一个物种。

骨骼化石

早期，骨骼化石有过几次错误的鉴定。瑞士博物学家约翰·舍赫译曾经将一段脊椎骨鉴别为远古人类的骸骨，结果却是一种大型蜥蜴的脊椎骨。19 世纪早期，有人在瓜达卢佩岛上发现了一副骨架，起初它被科学家们认定为科学史上第一副人类骨骼化石，但后来经研究发现，它既不是化石，也一点都不古老。

出现此类问题的根源在于判定一块骨头是否为化石的方法。在 19 世纪初期，科学家们用的是舌头测试法。他们把化石放在舌头上，看它的黏性如何，如果这块"化石"的黏性很好，就说明它含有大量的胶原蛋白（它不是化石），反之如果黏性不好的话，就说明它缺乏胶原蛋白（它是化石）。但后来科学家们发现这种方法并不可靠，很多时候并不符合自然规律，于是便舍弃了它。

终于，有人发现了真正的人类化石，但却被科学家们忽略了。没有人关注 1820 年男爵施洛特海姆在德国萨克森州发现的骸骨，这些骸骨被埋在已灭绝的犀牛和鬣狗的遗骸的下方 2 米处。比利时学者菲利普 - 查尔斯·施梅林发现的 7 块头骨也遭到了同样的冷遇，这 7 块头骨是在列日附近的一个洞穴中同猛犸象的遗骸一起被发现的。

1859 年，达尔文发表了他的著作《物种起源》，随即掀起了造物论者和进化论者的争论。直到今天，造物论者仍然坚持《旧约全书》中《创世纪》讲述的就是事实。而进化论者认为，所有物种都来自共同的祖先，是自然过程让各个物种分离。人类化石突然变得至关重要。如果说人类和猿类来自共同的祖先，证明这一理论的最好方法就是找到一种有着两个物种特点的生物遗骸，即科学界大名鼎鼎的过渡化石。

从那以后，化石猎手们找到了 1500 多具属于 16 种人类物种的化石遗骸。在这 16 种人类物种中，唯一存活至今的只有我们自己。

要重建人类的进化树并不是一项简单的任务。大多数时候，科学家们只能依靠一块或几块骨骼化石的碎片来推论几百万年前个体的形态，所以分歧比比皆是。总的来说，每一个发现都意味着要反复审查验证先前建立的科学理论。直到现在也是如此。

基因工程的出现将史前人类的研究带入一个新层面。现在我们可以提取古老化石的 DNA，用以和在世的人类做比较，从而推测出他们的亲缘关系。

不！他是尼安德特人！

1857 年 2 月 4 日，波恩大学的赫尔曼·沙夫豪森教授在一次医学会议上展示了一副古代人类的骸骨，这副骸骨看起来野蛮粗犷，或许他就是当年那些令罗马帝国的士兵不寒而栗的野蛮人之一。

这副骸骨是前一年在德国杜塞尔多夫附近的尼安德特河谷的采石场发现的。沙夫豪森的演说引发了一场至今仍没有结论的争论。有的人认为这副骸骨的主人可能只是一个可怜的白痴或者隐士（之所以说白痴是因为骨头看起来有些畸形）；也有人提出这副骸骨的主人是一个患有佝偻

病的蒙古士兵，或者是几十年前在这个地区驻扎过的哥萨
克军队的逃兵。

1864 年，英国教授威廉·金将这种在尼安德特发现的
生物命名为尼安德特人。金教授认为这种生物不应该被归
作人类，因为它太过原始。他曾想将它从智人中除名，不
过鉴于没有面部骸骨能够证明他的理论，就只好暂时保持
原状。

后来又在欧洲和中东发现了大量尼安德特人的遗骸。
历经 150 年的研究使尼安德特人成为科学家们最了解的古
人物种。虽然从来没有找到过一副完整的尼安德特人的骨
架，但科学家们利用不同的个体骸骨重构了一副完整的骨
架。从图 7 可以看出尼安德特人和现代人头颅之间的差别。
现在科学界最大的谜题在于尼安德特人为什么灭绝了，这
和我们的物种有没有关系。

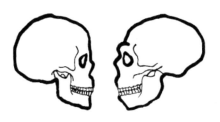

图 7　现代人的头颅（左）和尼安德特人的头颅

如何通过几个简单步骤变成尼安德特人

如果有谁想看看尼安德特人，首先请用拇指和食指捏着鼻尖往外拉，再稍稍往下按，让它尽量远离脸部的中心。其次用同样的两根手指插进鼻孔，将鼻孔扩大；接着把手掌放在额头上，把额头向下按一按；再去掉下巴，给门牙增加一点面积。最后眉毛后面再多注射一点胶原蛋白。好了，找一个镜子看看尼安德特人长什么样吧。

还想继续吗？那我们来动动身体。从身高开始吧，1.7 米以上的，请削去几厘米。长得瘦的，可以把自己弄强壮一点（尼安德特人拥有发达的胸肌、壮实的臀部）。体重？最低 80 千克。手臂再缩短几厘米，骨头再变厚实一点。

还差点啥？对！大脑。尼安德特人的颅腔比我们的至少大 150 立方厘米，我们的大脑颅腔只有 1350 立方厘米（尼安德特人颅腔容积最高记录达 1700 立方厘米，是在以色列被发现的）。

好了！现在在你们已经是尼安德特人的标准长相了，你们只要直直地站着就行了，因为他们和我们一样是直立行走的。

尼安德特人的 10 个日常生活场景

1. 他们在很多方面都与我们很相似。100 多年前，在法国拉沙佩勒奥圣发现的尼安德特人被错误地认为是无法直立行走的野蛮生物，这种定性更接近猿类，而不是人类。但如今，他的形象发生了转变。有证据表明，他们曾拥有过文明，而且他们的体态和行为方式与我们并无差异（身体上与我们的差异就在于对寒冷气候的适应性）。

2. 集体狩猎。直到几年以前，科学家们还以为他们是不懂计划打猎的拾荒者，直到一群法国钢厂工人的发现才改变了人们的想法。在比亚什圣瓦斯特附近，工人们发现了尼安德特人穴居的遗址，穴居里堆满了熊和原牛（一种带角的、类似斗牛的哺乳动物，现已灭绝）的残骸，而且这些残骸都有明显的屠宰和剥皮的痕迹。由此可以推断他们一定组织过群体狩猎，因为单独的个体是无法制服这样的野兽的。

3. 食肉性动物。如果有人在发现了他们不计其数的狩猎工具和猎物残骸后还对此表示怀疑的话，那么告诉你另一个发现：经证实，尼安德特人的骨头具有较高的氮含量，这都得益于肉食习惯（素食生物的骨头通常碳含量较高）。

4. 自相残杀并嗜肉。在克罗地亚的克拉皮纳和凡迪亚发现的骸骨证实了这一点，这些骸骨不仅有被骨肉分离的痕迹，还大量破碎骨头，科学家们推测可能是为了提取骨头里面的骨髓来食用。

5. 懂得用火。这是通过他们的洞穴顶部累积的灰尘判定的。

6. 能工巧匠。他们使用燧石和骨头制作装饰品、身体饰品和雕刻工具。

7. 生活忙碌。他们的头和手臂高频受伤，如果将这些伤和现代职业中所受的伤来比较的话，尼安德特人的伤势更像牛仔竞技骑手的伤势。在伊拉克沙尼达尔的一处山洞中发现的一副骸骨右腿脚骨碎裂，右臂被截肢，左脸颊和左眼周有伤痕，从受伤的程度来看，完全可能已经导致失明，雪上加霜的是，他还患有关节炎。

8. 爱护伤者和老者。从沙尼达尔的这位尼安德特人的伤势来看，伤口有愈合的迹象，由此可以推断他在伤愈恢复之前一直受照料和保护。拉沙佩勒奥圣的一名男性尼安德特人受关节炎折磨好几年，如果没有同伴的帮助照料的话，是很难活下来的。

9. 埋葬死者。成群尸骸的发现至少证明了这一点，感谢他们的这一习俗，使得他们的骸骨能存留至今。

10. 对于他们的语言和思想，我们只能猜测了。显然，他们的大脑看起来和我们的无异。科学家们在以色列的一个洞穴中发现了一块完整的尼安德特人舌骨（我们咽喉中悬挂的骨头），这块骨头让我们看到了尼安德特人拥有语言能力的可能性，或许他们也能发出和我们相似的声音。

我们和尼安德特人之间……有过交集吗？

尼安德特人作为直立人的后代，出现在 23 万年前的欧洲大陆，他们也是人类的祖先之一。但他们从来没有大量存在过，鼎盛时期最多只有几万人，在西班牙与乌兹别克斯坦（中亚）之间的广袤大地上繁衍生存。他们在向欧洲北部迁移时与冰川做斗争，不得不按照冰川强加的节奏来回进退。

在 4 万年以前，另一种原始人从安纳托利亚和巴尔干半岛进入欧洲。与尼安德特人不同的是，这些新来的个子更高、额头更宽、鼻子更窄、下巴更加明显。几千年后，这些人占领了欧洲大陆的中部和北部，最远到了伊比利亚半岛。他们就是新人。

在几千年间，尼安德特人和新人共同生活在欧洲的部分地区。科学家们发现的最年轻的尼安德特人骸骨距今有2.9 万年，从那以后，再也没有发现过尼安德特人，他们莫名地从地球上消失了。他们发生了什么呢？

科学家们众说纷纭：或许是身体不适应气候的变化导致尼安德特人从此灭绝；或者是死于疾病，也可能是在与新人的恶斗中终结了生命；又或者他们与新人交配，两个物种混血产生的后代成了现代人共同的祖先。直到现在都无法辩证哪一个假说是正确的（也可能没有一个是正确的）。

其中最具争议的问题是尼安德特人和新人产生共同后代的可能性，因为他们在欧洲大陆上共同生活了好几千年。他们之间是否相互交配呢？有过后代吗？如果他们有过后代的话，这些后代是不是无法生育呢？就像驴和马杂交的后代骡子一样。又或者他们的后代具备生育能力，从而延续了两个物种的混合 DNA？我们现代人的细胞里面有没有尼安德特人的 DNA 呢？这些问题的答案就要从骸骨和基因中去寻找了。

在 2.5 万年前，一个 4 岁的小男孩被埋葬在今葡萄牙拉佩多山谷中。按照当时的习俗，人们用一种赭色的矿物泥土覆盖小男孩的身体，把小男孩放在用焚烧过的植物编成的床上，并在他的身旁放了一些鹿齿和贝壳。

葡萄牙人类学研究所的若昂·齐良和华盛顿大学的埃里克·特林考斯坚持认为这个孩子是个混血儿。他有着尼安德特人的腿、膝盖、门牙和嘴，而他的下巴、其他牙齿、盆骨和手臂又和新人相同。

拉佩多山谷的小男孩并不是唯一一个被指认是尼安德特人和新人混血的化石，但研究人员们始终没能达成一致。否认这一假说的人认为他们是纯种的新人或尼安德特人，只是被误认为是混血，就这个拉佩多山谷的小男孩来说，他不过是身患畸形的小孩儿，齐良和特林考斯的阐释只是他们大胆的猜想罢了。

DNA 差异

1997 年，慕尼黑大学的斯万特·帕博宣称他的团队已经从一个半世纪以前在尼安德谷发现的骸骨中提取出了DNA，他们将其中的线粒体 DNA 某个特定区域的序列与现代人的序列做了比较。平均来看，这两者之间有着 27 个核苷酸的差异。这算是很大的差异了，因为如果同样的区域，将一个尼安德特人与一个现代人的 DNA 来做比较的话，差别大概在 10 个核苷酸左右。如果说尼安德特人对人类的基因库做过贡献的话，那他和现代人的基因差异应该更小才对。

这一结果登上了科学杂志《细胞》6 月 11 号刊的封面。封面上印着一个尼安德特人头颅的特写，下面写着："尼安德特人并不是我们的祖先。"

这项研究很快就遭到了批判。只拿一个尼安德特人与现代人做比较，很有可能得出错误结论，因为一个个体并不能代表他所属的物种。"如果将来古生物学家发现一具职业篮球运动员的遗骸，一定会认为 20 世纪的人类是巨人。"《考古发现》杂志的编辑罗伯特·洛克如此写道，"如果发现的遗骸是赛马手的话，那人类就是小型两足动物而已。"

在接下来的几年里，陆续有不同的科学家用尼安德特人的线粒体 DNA 与新人线粒体 DNA 做比较，得出的结论一致：没有证据能够证明尼安德特人与新人有过混合。

正确的观察

2006 年 11 月，两个科研团队发表了两篇科学论文，宣称解读了尼安德特人的核 DNA 中的 100 万个核苷酸序列。这个尼安德特人是 1980 年在克罗地亚的凡迪亚山洞中发现的，距今有 3.8 万年的历史。在这 100 万个核苷酸代码中，一部分被一支科研团队解读，研究结果发表在《自然》杂志上；另一部分被另一支团队解读并发表在《科学》杂志上。帕博指导了这两项研究。

其中一篇论文得出结论是尼安德特人是我们人类祖先的可能性微乎其微，而另一篇论文却说有极大的可能。为什么会得出这两个相互矛盾的结论呢？这大概是两项研究中所分析的 DNA 片段不同导致的。而且 DNA 污染也会导致结论偏差，比如参与工作的研究人员的皮肤细胞和唾沫污染。这样的 DNA 污染很难被检测到，因为尼安德特人的 DNA 与现代人的 DNA 有着 99.5% 的相似度。

但这些问题好像并不困扰论文的作者们。"我们严格控制住了污染。"帕博肯定地说。然后，几个月以后，在旧金山加利福尼亚大学的杰弗里·沃尔和金成发表了一篇文章，宣称帕博指导的研究结果出现偏差的原因就在于 DNA 污染。"我很赞同他们的分析。"帕博在读了他们的论文后承认道，"他们的观察非常正确。"随即，两个科研团队开始修正自己的错误。

与此同时，帕博领导的马克斯·普朗克研究所和美国 454 生命科学公司联手推进一项更加野心勃勃的项目：对尼安德特人核 DNA 中的 30 亿对核苷酸进行测序。

尼安德特人的 DNA 就在我们之间

2010 年初的时候，局势依旧很混乱。一部分科学家声称有些化石确实能够证实尼安德特人和新人有过后代，但其他科学家又说没有任何化石能够证明这一点。同样的，有的科学家认为 DNA 序列证明了两个物种的结合，但有的又认为恰恰相反。在线粒体 DNA 中，科学家们没能找到证明尼安德特人和新人产生过后代的确凿证据。但也还有一大堆核 DNA 等着我们去探索。

5 月 7 日，帕博和他的 55 位同事在《科学》杂志上发表了一篇论文，其中记载了 3 个尼安德特人骸骨核 DNA 的分析。这 3 副骸骨是在凡迪亚山洞中的不同深处被发现的，一副已有 44450 年的历史，一副有 38310 年的历史，一副骸骨的年限则无从考证。总的来说，科学家们对 60% 的尼安德特人的基因组进行了测序，并从中得出了以下结论：

1. 尼安德特人与现代人的 DNA 相似度达 99.7%。

2.1% 的欧洲人和 4% 的亚洲人的核 DNA 继承于尼安德特人（这就意味着尼安德特人确实和新人进行过交配，但数量不是很多，否则这个百分比应该更大）。

3. 尼安德特人与法国人、中国人和新几内亚的居民都有血缘关系（但由于没有在中国和新几内亚境内发现过尼安德特人的遗骸，因此交配应该是在中东发生的，后来迁移去大洋洲和西亚的新人已经带有尼安德特人的DNA 了）。

4. 尼安德特人和新人同为一支古人物种的后代。这一物种存在于 27 万年前至 40 万年以前，后来分成了两支，一支发展成为尼安德特人，另一支发展成为新人。

直到几年前，提取尼安德特人的核 DNA 还是一件不可能完成的任务。现在，科学家们已经可以解读数以亿计的核苷酸序列了。随着对尼安德特人的 DNA 越来越深入的了解，科学家们得以日渐勾勒出详细与精准的尼安德特人进化历史图。但要知道，不是所有问题都能在 DNA 中找到答案的。不管他们是不是我们的祖先，通过分析一个数十万年前生活在地球上，并且与我们如此相似的生物，就能够追溯我们的起源，这不是一件令人兴奋的事吗？

第六章

肤色问题

人类的肤色并不是随机在地球上分布的，这是自古以来显而易见的事情。住在赤道地区的居民肤色深，而住在寒冷地区的人肤色浅。罗马博物学家大普林尼说过，非洲人的肤色更深是因为他们离太阳更近，所以比欧洲人更容易被晒伤。

第一次尝试科学认真地解释人类肤色差异的起源可以追溯到18世纪。当时，所有的科学假说中，最普遍的说法是深色的皮肤是为了保护皮肤不受太阳辐射的有害影响（晒伤、皮肤癌）。但有的科学家并不认同这一说法。

接下来的故事会向大家解释为什么遗传学家认为人类的种族划分是没有生物学基础的，以及科学家们是如何建立有关人类肤色多样性的科学假说的。

复杂、模糊又武断的种族概念

1758 年，瑞典博物学家卡尔·林耐发表了他的著作《自然系统》第 10 版。像大多数与他同时代的博物学家一样，林耐认为人类处在生物等级划分的最高层。受这一想法的主导，林耐将人类所属的物种命名为灵长目（源自拉丁语，古意为首领）。

将我们这一物种命名为智人（智慧的人）的也是林耐。除此之外，他还确定了 5 个人类次种族，或者说 5 个人种的学说，其中一个人种指的是有先天性缺陷的人，其他 4 个人种可以通过他们的长相特征、衣着装束和习惯举止被轻易地区分开来。

4 个人种以及他们的区分（林耐）

人种	特点
白种人（欧洲人）	肤色白，灵活机敏，勤奋能干，肌肉结实，头发金黄、卷曲，蓝眼睛，穿着紧身衣物，受法律约束。
黄种人（亚洲人）	肤色黄，内敛严肃，深色头发和眼睛，穿着宽松衣物，受他人看法影响。

（续表）

人种	特点
棕种人（美洲原住民）	肤色棕红，脾气暴躁、骄傲自负，头发浓密、黑直，宽鼻子，满脸雀斑，几乎没有胡须，在身体上涂画红色线条，受习俗制约。
黑种人（非洲人）	肤色深黑，冷淡、松懈，黑发卷曲，皮肤如丝绒般细腻，扁鼻子、厚嘴唇，在身体上涂抹脂类，遵循个人意志，不受制约。

　　后来，表格中提到的特点大多时候在区分人种时被摒弃了，但总的来说，人种的划分还是和林耐的理论一样受主观因素影响，并不准确。

　　在 19 世纪时，有学者提出凭肤色或头颅形状划分人种，或是将两个特点结合的划分方法。这样的方法一共分出了 60 个人种。达尔文认识到了问题的复杂性，便指出这样的划分是毫无根据的，并告诉大家人种之间肤色的变化是循序渐进的。

纯种至上

种族主义是一种认为一个种族在生物上优于其他种族的反科学理论。不计其数的宣扬种族主义的行为多少反映出了造就这一想法的因素：仇外情绪，对外来民族的憎恶和恐惧，源于嫉妒和蔑视而产生的偏见，或是想为自己的不满找一个替罪羔羊。

19 世纪中期，法国人戈比诺出版了一本书，名为《论人类种族的不平等》，他用雅利安神话来证明社会差异的合理性，声称欧洲贵族都是雅利安人的后裔，雅利安人是从发源于亚洲中部的一支古老种族中衍生的印欧系人种。对戈比诺来说，贵族和普通民众之间的差异是种族性的，而且人种的混合破坏了纯种雅利安人的生命力，造成了整个文明的衰退。这些说法并没有激起法国人的热情，却在德国得到广泛接受。1899 年，英国作家休斯顿·斯图尔特·张伯伦出版了《十九世纪的基础》一书，书中再造了雅利安人的神话，并认定德国人属于这一种族（张伯伦的岳父是作曲家理查德·瓦格纳，他也是一名种族主义者，他的音乐在以色列是被禁止的）。

在这种思想的影响之下，有的人开始认为犹太人和雅利安人之间的斗争是自古就存在的。奉行种族主义的纳粹党在宣扬雅利安民族血统至上以及维持血统纯正的必要性的同时，杀害了600万犹太人（除此之外，还杀害了几十万个其他"异族人"，例如同性恋者、吉卜赛人和单纯的反对者）。虽然历史上没有任何种族主义活动达到过德国纳粹的程度，但种族主义在人类历史上一直都是存在的。直至今日，在世界各地都能看到种族主义，它是迫害和毁灭的根源，几乎每次发生移民大潮时都会显露出来。

"对人类而言，种族概念是毫无意义的。"
（卡瓦利·斯福扎，1993）

维持所属种族的血统纯正是一直萦绕着种族主义的主题。在实验室的条件下，我们可以通过近亲繁殖来培养相对纯种的动植物品种。经过数代的父母与孩子之间和兄弟姐妹之间的近亲繁殖，我们能够培育出基因几乎完全相同的个体。

然而，想要以这种纯度维持人类血脉，那简直是荒谬的。从另一个角度来看，事实恰好是相反的，增加基因的多样性反而能强化血统，近亲繁殖通常会造成后代生育能力、智力以及疾病抵抗能力下降。

　　意大利遗传学家卡瓦利·斯福扎的研究表明人类物种的种族分类是没有基因理论证据的。一项关于五大洲 42 个民族的 100 多个基因的研究结果表明，除了极个别特例外，研究中的各式基因都是均匀地分布在世界各地的。卡瓦利·斯福扎得出的结论是，不同民族的人民之间的基因差异极小，因此，人类的种族划分是没有生物学基础的。人类有民族之分，但并没有种族之分。肤色和头发颜色的差异都只是表面的。最近，这一结论又得到了人类基因组计划结果的支持。

紫外线辐射的利与弊

　　虽然从生物学的角度来讲，种族是不存在的，但有一个事实不能忽略：人类皮肤的颜色由中非人的深棕色到北欧人的淡粉色之间变化。

　　人类肤色的呈现源于黑色素，黑色素是由人体的皮肤细胞合成的。每个人体内能够合成黑色素的细胞数量是基本相同的，而导致人体肤色差异的，是人体皮肤细胞所合成的黑色素的量及分布。黑色素能够吸收紫外线（UV），对人体起着至关重要的保护作用。

太阳会发出不同波长的紫外线辐射［长波紫外线（UVA）、中波紫外线（UVB）、短波紫外线（UVC）］。短波紫外线会被臭氧层阻挡，而长波紫外线和中波紫外线可以到达地球表面，对地球上的生物有着重要的影响。

长波紫外线辐射可以穿透皮肤，到达皮肤最深层的血管，破坏血液内的叶酸传输，而叶酸对促进胎儿发育是必不可少的。中波紫外线辐射会造成皮肤晒伤甚至皮肤癌，还会破坏汗腺，而汗腺的活动能够驱散人体器官内的热量。

但紫外线的作用并非都是有害的。中波紫外线辐射能将胆固醇转化为维生素 D，维生素 D 又在肾脏内转化为二羟基维生素 D。维生素 D 能够调节在人体内钙和磷的吸收，钙和磷的缺乏会影响骨骼的正常发育，造成小儿佝偻病和成年人的骨质疏松症。

毛发越少，黑色素越多

科学家们认为，古人类的皮肤应该和黑猩猩一样是浅色的，黑猩猩是最接近智人的生物。它们身体上被毛发覆盖的皮肤都是浅色的，而没有毛发覆盖的皮肤都是深色的

（如脸、嘴唇、眼皮、耳朵和肛门生殖器区域）。

黑猩猩和人类的血脉大概在 700 万年前就分离了。人类离开了他们祖先生活的森林，在东非大草原定居下来。在这片全新的天地里，人类暴露在太阳辐射之下的时间更多，而且每一次觅食都需要更大规模的活动。这两点都会危险地提高人体的温度。

面临这一环境压力，两种能促进体热消散的机制得到自然选择的支持：增加汗腺的数量（通过蒸发水分迅速降低人体的温度）和减少毛发的数量（毛发存在会阻碍水分蒸发）。但这样又引发了一个新的问题，因为毛发可以保护人体免受太阳辐射的伤害。因此，黑色素的增加解决了毛发减少带来的问题。

多年以来，科学家们一直认为人类肤色变深是为了抵挡紫外线带来的危害。但从进化学的角度来看，一直并未确定这些危害指的是什么。

的确，如果长期暴露在紫外线辐射下，深色皮肤的人比浅色皮肤的人更不容易患皮肤癌。然而，这种癌症在育龄期并不会致命。

根据进化论的理论，一个有利于生物繁殖能力的生理特征会被认为是成功的。如果说皮肤癌在某种程度上影响了人类的生育能力，那我们就能将肤色的深化理解为避免伤害的优势特征。但由于皮肤癌对人类的生育能力并没有多大的影响，肤色深化的起源应该有另一种解说。

据另一种理论称，深色皮肤能够保护热带地区的居民体内维生素 D 不过量转化（但人体内具有防止维生素 D 过量转化的机制），或者保护乳头不被晒伤以免影响哺乳（但浅色的皮肤已经足够抵御此类的伤害）。

妮娜·雅布隆斯基和她的丈夫乔治·卓别林（他们均来自加利福尼亚科学院）提出了至今最有力的假说。

假说的诞生

雅布隆斯基在 11 年前就开始对这一课题进行研究，当时她受邀参加澳大利亚西澳大学的科学研讨会议，作为一名灵长类动物专家，她选择探讨人类肤色进化的问题。雅布隆斯基在为大会做准备查找文献时，发现没有一项对人类肤色深化的原因进行详尽解释的假说，但有两篇关于叶酸的文章引起了她的注意。

第一篇文章称，紫外线辐射能迅速破坏人体内的叶酸；另一篇文章则表示，实验室中叶酸水平较低的动物往往会产出畸变的胎儿。

几年前，科学家们就发现叶酸的缺乏会导致胎儿脊柱裂，这是一种在胚胎发育过程中椎管闭合不完全引起的先天性障碍。在浅色皮肤的人群中，缺乏叶酸导致的畸形是产生 15% 产前死亡率和 10% 产后死亡率的原因。了解到这些死亡病例的原因之后便有预防的办法：在孕妇的膳食中添加叶酸。这一方法大幅降低胎儿畸变率。

动物实验还证明，叶酸的缺乏会导致男性精子产量下降，影响男性生育能力。这一系列的研究结果使雅布隆斯基和卓别林相信，人类肤色的深化可以保护体内储存的叶酸不受太阳辐射的破坏。1996 年，阿根廷儿科医生巴勃罗·拉彭齐纳发表的一份报告肯定了这一想法。拉彭齐纳医生接待过 3 名年轻健康的母亲，她们都曾在怀孕最初的几周做日光浴，把皮肤晒成古铜色，结果生出的小孩都有一定程度的畸形。

阳光下的实验

与皮肤癌不同，叶酸被破坏对繁衍后代会产生致命的影响。雅布隆斯基和卓别林总算找到了令人满意的解释：

人类肤色深化是因为黑色素能够保护叶酸不受破坏，保证男性精子产量的正常以及胎儿在女性腹中的正常发育。然而故事并非这么简单，因为人体需要紫外线辐射作用来促进维生素 D 的转化。

波士顿大学的几名医生提出一个问题：在一年之中的什么时段，波士顿的居民能吸收足够促进维生素 D 转化的紫外线？为了寻求这一问题的答案，医生们将包皮环切术中切下来的包皮带到医学院的房顶，并让这些包皮在阳光下暴晒一整天，结束之后再检测包皮中多少维生素 D 转化了。

科学家们在全年的不同时段重复这一实验，之后得出了结论：在波士顿，从 3 月中旬开始，到达地表的紫外线辐射量足以促进身体内维生素 D 的转化。

在得知这一数据之后，雅布隆斯基和卓别林提出了一个新问题：地球上其他地方是怎么样的呢（到达地球表面的紫外线辐射量与太阳的斜度、臭氧层的厚度、大气中的混浊物和受污染程度都有关系）？一名同事告诉他们在哪里可以找到答案。

15 年来，美国国家航空和航天局一直在收集卫星数据，他们想要用这些数据制作出一张地球臭氧层分布地图，

　　其中一项测量参数就是到达地球表面的紫外线辐射量。雅布隆斯基和卓别林获得了这些数据，并制作了一张全球紫外线辐射图。

　　地图上呈现 3 个明显的地域划分：（1）赤道附近的地区，全年接收的紫外线辐射量足够促进身体内维生素 D 的转化；（2）亚热带地区，全年有 11 个月接收的紫外线辐射量足够促进身体内维生素 D 的转化；（3）南北纬 45 度以上的高纬度地区，全年没有任何一个时段能接收到足以促进身体内维生素 D 转化的紫外线辐射量。

　　紫外线辐射在地球上的变化很好地解释了不同肤色的人的分布。生活在热带的人通常肤色较深，因为他们全年都在接收大量的紫外线辐射；生活在极地地区的居民肤色较浅，因为他们需要最大限度地利用接收到的有限的紫外线辐射；而亚热带和温带地区的居民肤色中等，并且在紫外线辐射量增加的季节肤色也会随之变深。

　　在每个地区，肤色建立了一种平衡。渗入皮肤的紫外线必须要足够促进身体内维生素 D 的转化，同时又不能过量，以免破坏体内的叶酸。

女人和其他特例

在雅布隆斯基和卓别林的科学发现中，他们特别强调了男性和女性之间的差异，和一些地球上存在的肤色分布的特例。

女性的肤色总的来说要比男性白 3% 到 4%。对这一现象通常的解释是男性比较偏爱皮肤更白的女性（这是性选择的结果）。雅布隆斯基和卓别林指出：女性对钙的需求更大，特别是在妊娠期和哺乳期，比男性的皮肤颜色更浅的女性可以吸收到更多的紫外线辐射量，从而提高转化维生素 D 的能力。

因纽特人好像是肤色分布上的特例，他们生活的地区的紫外线辐射量长年都不足以促进维生素 D 的转化，但他们的肤色却偏深。专家们对这一现象的解释是：因纽特人迁居到这一地区的时间尚短（大概 5000 年左右）；另一方面，他们以食用鱼类和海洋哺乳动物为主，这些食物中都富含维生素 D，他们不太需要在身体内转化维生素 D。

科学证明种族的概念是没有生物学基础的，并用适应不同环境的进化行为来解释人类肤色的差异。这项科学发现是不是足以打消狂热分子和利用者心中的种族观念，让肤色不再成为上百万人受迫害的理由呢？雅布隆斯基对此表示很乐观。虽然这种乐观还很难大范围达成一致，但希望它有一天能真正实现。

第七章

罗曼诺夫的墓穴

1984 年，第一份关于恢复古老 DNA 科研报告的发表引起了极大关注，它的作者是由阿伦·威尔逊（线粒体夏娃研究的领头科学家）领导的研究人员。威尔逊的研究小组研究了一种叫斑驴的动物，这种动物类似斑马，但在 19 世纪下半叶前已经灭绝了。他们在研究中使用的 DNA 是从一个斑驴标本的肌肉组织中提取的，这个标本已经在一家德国博物馆内保存了 140 多年。

科学家们将斑驴标本与活着的马的 DNA 做比较，结果显示：相比与马的关系，它们与斑马的亲缘关系要近得多（这一问题至今科学家们还没有得出一致的结论）。虽然这项研究中重建的 DNA 并不是特别古老，但令媒体震惊的是，科学家们恢复的，是已经灭绝的生物的 DNA。

DNA 在细胞内受到很好的保护，当它受损时蛋白质也能自动修复。但当细胞死亡时，结构就此瓦解，大量的生物分子直接暴露在恶劣的环境之中。温度、湿度、阳光，这些都是影响生物分子持续存活的外部因素。然而，在特定的环境条件下，DNA 能够存活很长时间。

科学家们提取到大量史前生物的 DNA，其中包括 2300年前的猴子，2.7 万年前的亚洲野驴，2.9 万年前的尼安德特人和 5 万年前的猛犸象。除此之外，科学家还在爱达荷州一个干涸的湖床下发现了一片意外保存下来的木兰叶，科学家们也从中提取出了 1700 万年前的 DNA。

被称作树脂化石的琥珀能够完好地保存被它困在里面的生物体。这类树脂由某些树木制造，它们从树木的伤口或是折断的树枝中流出，捕获路过的小生物。树脂内的萜烯和其他芳香物质会进入生物体组织，取代生物体中的水分并杀灭会引发腐烂的细菌。空气、热量和阳光会引发化学变化，使树脂变得坚硬如石头。

生物体在琥珀中保存的完整度是极高的。科学家们曾在琥珀中发现百万年前的完整的白蚁和蜜蜂的肌肉及表皮。从一块在黎巴嫩发现的琥珀中，科学家提取到了生活在 1.2亿年前的象鼻虫的 DNA。

20世纪80年代末期，布莱恩·赛克斯和他的科研团队提取出了5000年前和9000年前的人类骸骨的DNA。古代DNA的研究有助于解决当前的谜题并且很有趣，例如，1992年，在巴西的一块墓地中发现一具以沃尔夫冈·格哈德的名义下葬的遗体，经DNA测试证实是纳粹奥斯威辛集中营的"死亡天使"约瑟夫·门格勒。

罗曼诺夫是俄罗斯帝国最后一个皇室家族，由于一系列的政治和历史因素，以及70年以来层出不穷的猜想与推测，他们的命运一直被认为是最大的谜团之一，直到最近这个谜团才被古代DNA的研究解开。

凌晨的枪声

凌晨2点刚过，11个被死神追逐的人匆匆逃离了他们的居所。第一个离开的是尼古拉二世，他搂着自己13岁的儿子，紧跟着的是他的妻子亚历山德拉和他们4个年轻的女儿。最后离开的是家里的仆人、医生、助理还有厨师。所有人都沉默无声，他们被告知敌人正在接近他们所在的城市，现在他们会被转移到一个更安全的地方去。

　　他们被安排在一个没有家具的房间里等待，天花板上的吊灯照亮了整个房间。亚历山德拉问这里是不是不允许坐，于是有人给他们搬来了两张椅子，她在一张椅子上坐了下来，尼古拉二世温柔地把他儿子安置在另一张椅子上，接着他站在大家的最前面。4 个年幼的女儿——奥尔加、塔季扬娜、玛丽亚和安娜塔西亚站在她们母亲的身后，医生走到亚历山德拉的椅子旁，其他人都靠着墙壁。

　　突然，10 个手持手枪的男人冲进了房间，其中身为队长的雅各布·犹若夫斯基在尼古拉二世面前停了下来，对他说，由于君主制的支持者们还在继续进攻苏联，当局已经判处他死刑，并要求立即执行。

　　尼古拉二世紧接着便被枪决了。武器散发出的浓厚的刺激性烟雾弥漫了整个房间，其他受害者被湮没在烟雾中，已经看不清了。有的子弹误伤了自己的同伴，女人们的尖叫声比枪声还要响亮。犹若夫斯基下令让自己的人离开了房间，这些人的喉咙和眼睛也被烟雾呛得难受极了，正好在走廊上休整一会儿，同时也为自己的所作所为感到不安。而此时的房间里，正不停地传来抽噎声和呻吟声。

　　当杀手们再度回到房间时，还有 7 名幸存的受害者。

杀手们再次扣动了扳机。有的人还用上了刺刀。几分钟之后，一辆载着 11 具尸体的卡车离开了城市，朝近郊的一片森林驶去。那是 1918 年 7 月 17 日的凌晨 3 点。

一封包含两个谎言的电报

事发一年前的 3 月，受到布尔什维克革命的压力，尼古拉·罗曼诺夫，也就是俄罗斯帝国沙皇尼古拉二世，答应将皇位让给他的弟弟米哈伊尔大公。但是，混乱的俄罗斯帝国已经摇摇欲坠，米哈伊尔拒绝在这样的局势下继位。米哈伊尔的回绝将罗曼诺夫王朝推向了终点，结束了这一王朝从 1613 年就开始的对俄罗斯帝国的统治。

尼古拉二世是好丈夫和好父亲，他也是一个非常虔诚但反犹太主义的人。历史学家们认为，作为皇帝，虽然他的动机是好的，但由于没能力统治好国家，犯下了一系列严重的错误。他总是认为俄罗斯帝国的命运尽在上帝的掌控之中。

在他统治期间，俄罗斯帝国和日本发生过一次交战，那场战争导致双方上万名战士阵亡，最后以俄罗斯帝国战败告终。1914 年，俄罗斯帝国卷入第一次世界大战。尼古拉二世接管了军队，将国家统治交到了他的妻子手中，但他的妻子深信格里戈里·拉斯普京，这个人是个神秘的机会主义者，人称"疯子修士"（但他并不是修士）。

尼古拉二世在位期间，俄罗斯帝国的人民仍饱受饥饿煎熬，其疾苦程度可能更甚于前几任皇帝在位的时候。有的人为了微薄的工资每天工作 18 个小时，儿童在油田和煤矿中工作也是司空见惯的事。这一切矛盾最终促成俄国革命运动。

尼古拉二世退位以后，他和他的家人一起被新政府关押了起来。1918 年，尼古拉二世一家被转移到亚欧大陆交界的乌拉尔山脉附近的叶卡捷琳堡，软禁在伊帕季耶夫宅中。伊帕季耶夫是叶卡捷琳堡最重要的私人宅邸之一。

新政府想要对尼古拉二世进行审讯并判他死刑，但这一过程需要时间，而就在几个月前皇权的拥护者们已经发起了内战，正在向叶卡捷琳堡逼近，所以新政府没有足够的时间实施审判了。所有人都认为，过不了几天，这座城市就会落入反革命者的手中。

乌拉尔地区的布尔什维克当局认为罗曼诺夫家族到了生命该终结的时候了。如果他们的拥护者营救他们成功的话，他们家族就会成为反革命的一面旗帜。只要沙皇和他的继承者还活着，其他欧洲国家就有可能声讨归还沙皇的合法统治权。于是不顾中央政府的反对，地方当局决定刺杀罗曼诺夫家族。

刺杀行动过去几个小时以后，叶卡捷琳堡的一名高级官员向莫斯科的布尔什维克中央政府发了一封电报，里面写了两个谎言。电报里称，对尼古拉二世执行枪决，亚历山德拉和孩子们则已转移到更安全的地方。除此之外，电报里还表示其手中掌握了一份有力证据，证明有人在谋划拯救罗曼诺夫家族（事实上他们没有任何证据，只是想给刺杀行动找一个借口）。一个星期以后，叶卡捷琳堡落入了君主制拥护者的手中。

带弹孔的骸骨

1978 年 9 月，有两个人带着一个金属仪器进入叶卡捷琳堡附近的一片森林内。这个金属仪器的外表像一个 1.5 米长的开瓶器，它能够探测地底埋藏的物体。这两个人就是用这个仪器发现了一段埋在地下的枕木。这一发现让这两人兴奋了起来，因为他们知道，罗曼诺夫家族就被葬在这一区域，而且据说他们下葬时就覆盖着铁路用的枕木。

这两个发现者是亚历山大·阿夫多宁和格利·里亚博夫，他们都是土生土长的叶卡捷琳堡人。阿夫多宁是一名地质学家，从少年时期起，他就被罗曼诺夫家族的历史深深吸引；而里亚博夫是一名作家兼电影导演，并且在内务部门任职。这两个人都曾研究过罗曼诺夫家族被刺杀的历史，并且深信会找到罗曼诺夫家族的尸骨。他们最主要的信息来源就是犹若夫斯基的陈述报告，这份报告十分详尽地描述了当夜伊帕季耶夫宅中发生的一切，但唯独没有谈及尸体埋葬的具体位置。

由于寒冷的季节已经开始，地面很快就会冻结，阿夫多宁和里亚博夫不得不暂停研究工作。第二年5月，他们再次回到这个地方，并开始挖掘工作。在挖出了3层铁路枕木之后，他们发现了好几具人体骸骨。"当我们发现尸骨的时候，"里亚博夫后来描述道，"我们的双手都在颤抖，太不可思议了，也叫人害怕。"

里亚博夫带着两颗从墓穴中挖出来的头骨回到了莫斯科，但没有找到能对这些头骨做分析的人。内务部告诉他，他不可能获得官方的许可去分析这些骸骨。他在国家安全委员会的朋友建议他不要再追究这件事了，并告诉他这样做有被逮捕或是遭遇其他厄运的风险。阿夫多宁和里亚博夫只好把尸骨带回它们被发现的地方。

10年过去了，时局开始发生变化。19世纪80年代末，国家元首戈尔巴乔夫推动了导致苏联解体的改革。1989年4月10日，也就是柏林墙被推倒前几个月，《莫斯科新闻报》将里亚博夫在森林中发现骸骨的消息公之于众。

政府批准了这项由官方主导的调查。调查人员在最大的墓穴中发现了近800块骸骨。经俄罗斯专家鉴定，这些骸骨属于5个女人和4个男人，其中3个女人非常年轻。这些发现与犹若夫斯基的描述相符，他曾经说过，他的下属将9具尸体埋在了一起，但其他2具尸体在被浇了汽油焚烧后埋到了别的地方。

骨头上的弹孔清晰可见，有的还有被刀具刺伤的痕迹。牙齿还有黄金、铂金和烤瓷的痕迹，这说明这些骸骨的主人属于贵族。但脸骨破碎得太过严重，研究员们无法通过骸骨做面部复原（犹若夫斯基说过，当初为了不让发现尸体的人轻易鉴别出死者的身份，他命令他的下属在尸体上泼硫酸，并用枪托砸烂他们的脸）。

俄罗斯专家们确认了尼古拉二世、亚历山德拉和医生的骸骨，但他们实在没有办法区分3具年轻女子骸骨的身份，因为这3名女子的年龄十分相近，骨架结构也都基本相同。后来研究员们对调查结果做了一点修正，声称罗曼诺夫家族最小的女儿安娜塔西亚也在这 9 具骸骨之中。但这次修正更多是基于政治需要，并没有科学证据的支撑，因为后来一个美国研究团队鉴别了这些骸骨后声称，安娜塔西亚的尸体并没有在这 9 具尸体之中。

家庭关系

由于俄罗斯不具备做 DNA 分析的条件，他们只能向英国政府寻求帮助。遗传学家保罗·伊万诺夫从 9 副骸骨中选了一块骸骨和一块胫骨，带着它们飞到了伦敦。英国广播公司派了一辆丧葬车去机场迎接这些骸骨（接待负责人说，他们认为用沃尔沃的后备厢来运送俄罗斯皇室的遗骸有点不成体统）。参与研究的英国专家小组领导人是彼得·吉尔，而亚历克·杰弗里斯也是小组的成员之一，杰弗里斯就是开发 DNA 指纹测试的科学家（详见第二章）。

英国科学家们首先分析了骸骨的性染色体，分析结果肯定了俄罗斯人的结论：9 个人中有 5 个女人，4 个男人。接着，他们又分析了核 DNA，分析结果表明：9 个人中的

3 名年轻女子是墓穴中其中两个成年人的女儿，与墓穴中另外 4 个人没有任何亲缘关系。

在伊帕季耶夫宅中陪伴过罗曼诺夫家族的家庭医生的孙女捐献她的血样，经过 DNA 对比，科学家们确定在墓穴中发现的其中一个男人就是她的爷爷。

墓穴中发现的部分骸骨已经被证明是有家庭关系，然而是皇室成员的可能尚未被证实。现在只需要证明这一家人中的两个成年人分别是尼古拉二世和亚历山德拉。因此，皇室成员亲属的 DNA 就变得不可或缺。

爱丁堡公爵菲利普是英国女王伊丽莎白二世的丈夫，也是亚历山德拉的外甥女的儿子，他同意捐献自己的血样。由于菲利普公爵是亚历山德拉王后母系的后代，研究员们将他们的线粒体 DNA 做了比较。菲利普的线粒体序列和坟墓中发现的女人完全吻合。她就是亚历山德拉。

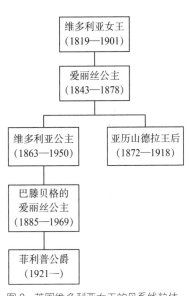

图 8 英国维多利亚女王的母系线粒体 DNA 传给了她的 5 个后人

家族的基因突变

尼古拉二世的身份鉴定就要麻烦一点了，在他还在世的亲戚中，血缘最亲近的是他的一个侄子。但是这位亲戚拒绝与专家组合作，因为在布尔什维克革命时期，英国没有向罗曼诺夫家族提供政治庇护。科学家们就只能求助尼古拉二世的母系远亲：法夫公爵詹姆斯和舍列梅杰夫公爵夫人森雅。尼古拉二世与这两个人是同一母系血脉的后代，

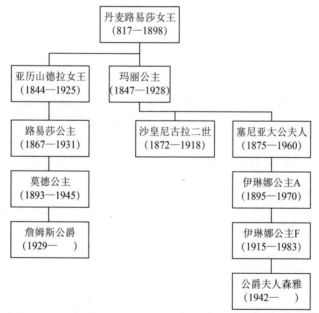

图 9　丹麦路易莎女王的线粒体 DNA 通过母系血脉传给了她的 10 个后人（但尼古拉二世的 DNA 出现了变异）

　　他们共同的祖辈是丹麦路易莎女王，因此这四个人应当携带相同的线粒体 DNA。然而，当科学家做基因对比后，发现，他们的基因序列并非完全吻合。

　　在比较了一定区域的核苷酸之后，科学家们发现詹姆斯、森雅和这位尼古拉二世疑似者的第 16160 至 10177 个核苷酸之间有些异样，其他两个人的第 16169 个核苷酸都是 T：

第 16160 个核苷酸　　　　　　　　　　第 10177 个核苷酸

　　而在这位尼古拉二世疑似者的核苷酸同样的位置呈现出的是 C：

第 16160 个核苷酸　　　　　　　　　　第 10177 个核苷酸

　　每一个线粒体内都有大量的染色体，而每一对染色体应该都是完全相同的。那么，这一结果说明了什么呢？答案可能很令人沮丧：基因样本有可能是被一同出土的遗骸的 DNA 污染了，又或者是这个男人根本不是罗曼诺夫家族的人。那么他又为什么会在墓穴中呢？

研究员们小心翼翼地又重复了一次对比工作，得到的还是相同的结果。最后他们不得不承认，这次遇到的是相当罕见的一次特例，由于基因突变导致，在同一线粒体中可能存在两种不同的染色体：发生了突变的染色体和没有发生突变的染色体。

这一发现让研究结果更加扑朔迷离，虽然其他各项数据支撑墓穴中的这个男人就是俄罗斯最后一位沙皇，但这一发现又让人开始质疑这一结论。然而，考虑到目前为止收集到的其他证据，例如共同的墓穴、骸骨的数量，以及骨测的年龄、性别，都与历史相符合；加上骸骨上子弹和刺刀的痕迹、死者之间的亲属关系，以及他们与皇室在世亲属之间的 DNA 的吻合程度。有这一系列证据，这点基因差异也不构成有力的反对证据，研究员们认为这些骸骨有98.5% 的可能性是尼古拉二世和他的家人及同伴。

但为了进一步缩小误差，还是需要找到和尼古拉二世携带相同染色体的母系亲属。首位候选人就是尼古拉二世的弟弟乔治大公。乔治大公 1899 年死于肺结核，去世后被葬在圣彼得堡的圣彼得与圣保罗大教堂。但当时，俄罗斯正教认为将大公安葬的尸骨再挖出来是对神灵的亵渎，并不同意这样做。经过一年时间的说服，研究员们终于取得了骸骨的样品。因为俄罗斯暂时不具备做 DNA 分析的条件，他们向美国武装部队的病理学部门寻求帮助。

乔治大公的一块胫骨碎片和一块腓骨碎片被磨成了粉末进行 DNA 提取试验。经分析，乔治大公的线粒体 DNA 与他的哥哥尼古拉二世一样，第 16169 个核苷酸都是 C 而不是 T。现在，叶卡捷琳堡所发现的骸骨属于尼古拉二世的可能性增加到 99.99%。

安娜塔西亚

1920 年一个寒冷的夜晚，柏林施普雷河的一段渠道边，一名警察正例行巡逻，突然，他听见水中一声闷响，有东西掉下水了！警察将电筒光照向水面，发现有一个人在水中挣扎着，他把水中的人从水里救了起来，发现是个年轻的女子。警察三番五次询问年轻女子的个人信息，但她都不回答，只好先把她送到附近的医院。

医生发现这名女子的健康状况良好，只是怎么都不愿意开口说话，于是医生只好将她登记为"未知小姐"，并让她住院疗养。几天之后，年轻女子坦白当初自己是试图自杀，但也不肯说明自杀的原因。

后来，医院将她转交到国家庇护所。在接下来的几个月内，这名女子受到了警方的问询、采集指纹和拍照片，但警方始终无法得知她的身份，因为她丝毫不配合警方调查。直到一天晚上，她向一名护士透露她的名字——安娜塔西亚·罗曼诺夫。

在随后的几十年里，这位后来被叫作安娜·安德森（这是她在美国为避开媒体的围攻而使用的名字）的女人受到了无数指责，说她欺骗公众。虽然她没有办法提供任何证据来证明自己的身份，但也没有人可以证明她不是安娜塔西亚。

1979 年 8 月，安娜·安德森做了一次卵巢肿瘤切除手术，在这次手术中，医生切除了她的一小段肠，保存在一块石蜡中。若干年后，从这一小段肠中提取的 DNA 终于结束了关于她身份的争论。因为直到 1984 年 2 月 12 日，她去世的那一天，还是没有人可以证明她的话到底是真的还是假的。

20 世纪 90 年代中期，多个实验室将安娜·安德森的 DNA 分别与尼古拉二世和亚历山德拉的 DNA 进行了比较。之前参与皇室家族骸骨身份认证的科学家彼得·吉尔也参与这次对比工作。除了从医院中的肠段样品中提取 DNA，研究员们还从安娜的头发中提取了 DNA，这些头发是安娜的丈夫在书页中的信封里发现的，信封上标注着"安娜塔西亚的头发"。

比较结果显示：安德森的 DNA 与尼古拉二世和亚历山德拉的 DNA 并不相符。她并不是皇室家族的子嗣。那么，这个几十年来让很多人，甚至是罗曼诺夫家族的人都深信她就是安娜塔西亚的女人又是谁呢？

其实早在 20 世纪 20 年代的时候，安娜塔西亚的舅舅赫斯公爵雇用的私人侦探就已经查明，这个冒牌顶替者其实是一个名叫弗兰西丝卡·斯卡茨维斯卡的德国人。顺着这一信息，彼得·吉尔的团队又将安娜·安德森与卡尔·毛切尔（弗兰西丝卡·斯卡茨维斯卡母系血缘的侄孙）的线粒体 DNA 做了比较，结果证实他们俩确实是近亲。据 DNA 比较显示，安德森和斯卡茨维斯卡为同一个人的可能性达 98.5%。

另一个墓穴

当杀手再次进入房间时，亚历山大·罗曼诺夫仍然坐在几分钟前尼古拉二世扶他坐下的那张椅子上。"他当时被吓坏了。"这是犹若夫斯基后来的描述。"他那被吓得铁青的脸上沾满了他父亲的鲜血。"别的在场的人补充道。他又被射中几枪以后，从椅子上滑了下来，但这时他还没有死。大家都没有注意到，亚历山大和他的父母姐妹一样，在衣服的下面藏满了珠宝，遍布全身，包裹着他的那些珍贵宝石起到了防弹衣的作用。最后，犹若夫斯基拔出了他腰间的柯尔特手枪，用两颗子弹结束了亚历山大的生命。

1918 年 6 月 19 日凌晨，叶卡捷琳堡郊外的一片森林深处，犹若夫斯基下令烧毁 11 具尸体的其中两具。他的用意本来是想将末代王后和她的儿子的尸体烧成灰烬，但他的手下弄错了，在其中一个女儿的尸体上浇满了汽油点燃，然后挖了一个坑将这两具烧焦的尸体扔了进去，重新盖上泥土后又压实了地面。这些人又在另外一个地方挖了一个坑，埋葬了余下的 9 具尸体。

2007 年 7 月的一天，在同一片森林的一块空地，塞尔吉奥·普洛特尼科夫发现这块地面有轻微凹陷。普洛特尼科夫是一名专业建筑师，周末在一个业余史学小组里担任志愿者，他们的工作就是寻找罗曼诺夫家族还未发现的遗骸。

当他把铁锹插入凹陷的地面时，他听到了嘎吱的声音，有什么东西挡住了铁锹头。有可能是炭，但也有可能就是他要找的东西。他连忙叫来了他的同伴，开始挖了起来。果然，他们发现了一些类似人类的骨头。

一个月后，他们的发现被公之于众，这些骨头分别属于一名 13 岁左右的男孩和一名 20 岁左右的女孩。骸骨保存状况非常不好，而且还有被火烧过的痕迹。专家们修复了 40 多块骸骨残片，其中包括一些牙齿（由于牙齿是人体中最坚硬的部分，所以它们的保存状况也是最好的）。

这次的 DNA 分析是由俄罗斯科学院的基因组学部门来做的。考虑到可能会出现批判的声音，并且为了保证结果的透明化，俄罗斯政府将样品寄给了几个不同国家的实验室，让大家分别进行独立的分析。所有的分析结果完全一致。DNA 分析表明，这些骸骨所属的一男一女正是 20 年前在第一个墓穴中发现的那对夫妻的儿女。亚历山大和他的姐姐被找到了。

为了进一步证实这一点，科学家们将第二个墓穴中的男孩的 Y 染色体与罗曼诺夫家族的一个远亲安德鲁·安德烈耶维奇王子做比较，结果表明，他们的 Y 染色体序列相同。

俄罗斯科学家们意外地得到了一份尼古拉二世的血液样本。1891 年 5 月 11 日，那时候只有 22 岁的

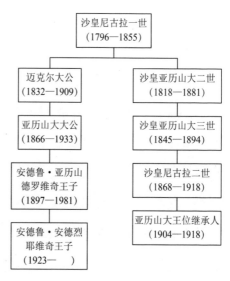

图 10　俄国沙皇尼古拉一世的 Y 染色体通过父系血脉传给了他的 8 位后人

尼古拉二世还不是国王，他在访问日本大阪时，一名当地警卫企图刺杀他。尼古拉被军刀刺伤了额头。当警卫试图再次刺杀他时，同行人员中的希腊王子乔治化解了这次危机。尼古拉二世沾上鲜血的衬衣被保存在圣彼得堡一家博物馆的档案里，直到 2000 年才重新被发现，并被送到了研究罗曼诺夫家族的科学家们手里，希望这件血衣能为研究添一分力。从衬衣中的血渍提取出的 DNA 与叶卡捷琳堡的第一个墓穴中发现的男性骸骨的 DNA 完全一致。

后　记

在罗曼诺夫家族被软禁在伊帕季耶夫宅邸的那段时间，布尔什维克党称这座宅子为"特用宅"。当内战结束之后，伊帕季耶夫宅邸被保留下来做"人民复仇博物馆"。1977 年，时任叶卡捷琳堡共产党第一书记的叶利钦下令拆除伊帕季耶夫宅邸，在原地修建了一座教堂，也就是今天的滴血教堂，如此命名正是为了悼念 1918 年 7 月 17 日凌晨在那里发生的惨剧。

整个 20 世纪，有许多人声称自己是安娜塔西娅，或是尼古拉二世和亚历山德拉的其他儿女。两个墓穴中骸骨身份的确认拆穿这些冒名顶替者。综合考虑搜集到的种种证据，几乎可以肯定，墓穴中的骸骨正是罗曼诺夫家族的遗骸。

对于在第二个墓穴中发现的年轻女子的身份，俄罗斯专家和美国专家始终没能达成共识。俄罗斯专家认为她是玛丽亚，美国专家则认为她是安娜塔西娅。而 DNA 所提供的证据还不足以解决这一问题。

在 1991 年至 1998 年间，在第一个墓穴中发现的骸骨都被保存在叶卡捷琳堡的太平间。这个地方任何人都能访问，所以除了科学家们来研究样本外，有普通民众来瞻仰死者，甚至还有小偷偷走了几块骨头。

1998 年 7 月 17 日，也就是惨剧发生后的第 80 年，在第一个墓穴中发现的 9 具遗骸被安葬在圣彼得堡的圣彼得与圣保罗大教堂的其中一个小教堂中。这座教堂埋着自 17 世纪以来几乎所有的俄罗斯沙皇与皇后。

杀手"黄道十二宫"的 DNA

后来，穆利斯讲述道，这个主意是他在开车的时候想到的，那时他正驱车行驶在128号公路上，穿梭在加利福尼亚的群山之间。在副驾驶的座位上，他的女朋友正酣睡。那是1983年5月一个炎热的夜晚。

穆利斯当时39岁，在一家名叫西特斯的生物科技公司工作。他的工作领域是基因工程，每天的工作就是复制试管中的DNA分子，单调而乏味。之所以说它单调乏味，是因为实在找不到更快的方法复制一个信息量巨大的DNA分子。

那天晚上，穆利斯想到了一个办法，可以更加迅速地从更大的DNA分子中复制出上百万份DNA片段。这一切都要依靠激发分子中的连锁反应。不管原始DNA分子有多长，使用这个方法只需要复制所需的片段。在第一个循环中，从 1 个分子中复制出 2 个；第二个循环，从前期复制得到的 2 个分子中再各复制出 2 个分子，也就是说，取得 4 个副本；第三个循环，副本的数量翻倍，成为 8 个；下一个循环 16 个；以此类推。用不了几个小时，就可以完成大量的循环，从而得到……数目相当可观的副本！

"我的天哪！"穆利斯惊呼道，赶紧把车停了下来。他从副驾驶座位前的抽屉里翻出了纸和笔，计算了起来。根据他的计算，经过 10 次循环就能得到 1024 个分子，20 次的话就能得到上百万个分子，而 30 次的话就有 10 亿个了。"我刚想到一个绝妙的点子！"穆利斯兴奋地对女友说。可她只是在座位上挪了挪身子，又继续睡着了。

穆利斯重新启动车子，但行驶了 1500 米后，他又再次停了下来。他这才开始意识到自己的新想法是多么伟大。如果这个方法真的有用的话，那么想从 DNA 分子上拷贝多少副本就能拷贝多少副本。这个方法肯定会被所有基因工程实验室采纳，到时候他也会成为名人，说不定还能获得诺贝尔奖。

事实证明，他的梦想成了真。1993 年，他获得了诺贝尔化学奖。

穆利斯想出来的这个方法就是今天基因学界熟知的

PCR（聚合酶链式反应的简称）。目前，PCR在全世界大大小小的实验室日常操作中被运用。好几家公司都在生产能将这一过程自动化的仪器（有些型号的仪器只有书本那么大），而且这些仪器都和必要的试剂配套出售。

运用PCR的例子不计其数。在医学上，它被用来诊断遗传性疾病和检测病毒感染；在法医学上，有了PCR，法医便可以从犯罪现场发现的少量头发或精液样本中复制出大量的DNA信息；在古生物学和进化论中，通过PCR，科学家们能够恢复化石残骸的DNA，进而构建进化关系；在生物学上，PCR是鉴别人种和其他物种的有效工具。它的用途实在是不胜枚举。

下面我要讲的，是一个连环杀手的故事。这个杀手活跃在20世纪的加利福尼亚瓦列霍地区，他曾让这一地区及其周边的居民闻风丧胆。多年以来，他的身份一直是一个谜，直到20世纪快要结束的时候，警方才通过PCR取得重要证据。这是凶杀案发生后这么多年以来，警方首次可以让嫌疑人在DNA分析面前屈服……

丧心病狂的杀人犯

从 20 世纪 60 年代中期到 20 世纪 70 年代初期，达摩克利斯之剑一直危险地悬挂在旧金山海湾地区的居民的头上，让人们惴惴不安。危险来自一个自称"黄道十二宫"的人，但人们对他几乎一无所知，只知道他以杀人为乐、丧心病狂。

"黄道十二宫"还会向警方和当地媒体寄一些信件，信中会详细描述他的犯罪经过和他疯狂行径的原因，并嘲笑警方说他们想要找到自己都是白费工夫，还恐吓大众说会继续他的血腥屠杀。

但有一天他突然不再寄信。可能他从那以后再也没有杀过人，没人知道关于他的任何消息。30 年之后，旧金山警方才得到了一份极有可能属于杀手的 DNA 样本。

受害者

贝蒂·洛·詹森（16 岁）和大卫·法尔戴（17 岁）是两名学生，也是第一起凶杀案中的受害者。他们两个人被害时在大卫的车里，车当时停在市区内贺曼湖路的街道旁。大卫还没来得及从车中出来，就被一颗子弹射中了脑袋；贝蒂在试图逃离现场的过程中，背部被射中 5 枪。（1968 年 12 月 20 日晚，加利福尼亚瓦列霍地区附近）

达琳·弗仁（22 岁），职员；迈克尔·马高（19 岁）。有一辆车一直跟踪他们到高尔夫球场的停车场。跟踪他们的人先用强光照射他们，然后从自己的车上走了下来，用一把 9 毫米口径的手枪向受害人射击。达琳手臂和背部受伤。当杀手准备回到自己的车上时，迈克尔因为疼痛发出的惨叫改变了他的心意。于是他又回过头来，向两名受害者各补射了一枪。达琳在送往医院的路上死亡，迈克尔存活了下来。（1969 年 7 月 4 日，加利福尼亚瓦列霍地区）

西西莉亚·谢巴德（22 岁）和布莱恩·哈特奈尔（20 岁），是两名学生。他们俩一整个下午都是在伯耶萨湖边度过的。黄昏时，一个蒙面的男人出现在他们面前，他自称是正准备前往墨西哥的逃犯，蒙面巾上缝着一个黄道十二宫的符号。蒙面男子手持武器，扔给西西莉亚一根晾衣绳，命令她把布莱恩绑起来，然后他自己又用另一根晾衣绳将西西莉亚绑了起来，再用刺刀一刀一刀地刺向受害者。离开之前，蒙面男子用记号笔在受害者的车门上潦草地写下了以下字样：

瓦列霍

20-12-68

4-7-69

9 月 27-69-6：30

刀刺

西西莉亚由于背部、胸部、腹部多处受伤，在医院抢救无效身亡；但布莱恩存活了下来。犯罪现场唯一能找到的线索就是杀手的脚印，警方根据脚印估算出了罪犯的鞋码和体重。（1969 年 9 月 27 日黄昏，加利福尼亚纳帕谷，伯耶萨湖）

保罗·史汀（29 岁），学生兼出租车司机。杀手在旧金山市中心拦下一辆出租车，要求司机将自己带到普里斯狄奥高地。到达目的地时，杀手掏出一把口径 9 毫米的手枪，瞄向了司机的头颅并扣下了扳机。行凶后，杀手将受害者浸满血的衬衫撕下了一块，然后从容地离开了犯罪现场。有几个年轻人在一栋公寓的二楼目睹了整个犯罪过程，并立即向警方报了案。警方立刻通过无线电广播发出了警报，要求大家注意，一名黑人男子刚刚枪杀了一名出租车司机。刚好在案发现场附近的巡逻警察立刻赶往了现场，到现场时，他们看到一名白人男子正在逃离现场，但由于这位男子与广播中表述的罪犯不符，警方并没有逮捕他。过了几分钟后，广播中又传来了第二条消息，改变了对罪犯的表述。杀手不是黑人，而是白人。但这时候，再也没有人见到刚才那个与警察擦身而过的男人。在出租车里，警方发现了一些不属于司机的指纹。根据目击证人的描述，警方勾勒出了一张杀手的肖像图：白人，男，40岁上下，红棕色头发，戴眼镜。旧金山警察局从来没有承认过，他们的两名警员曾近距离地见过杀手。（1969年11月11日晚，加利福尼亚，旧金山）

这些只是被发现的受害者的名单。在凶手写给报社的信件中，凶手还提及多起别的谋杀案。业余调查员罗伯特·格雷史密斯多年来一直在研究和收集关于此案的证据，他列出了一张有40多名疑似受害者的名单。这一数据与索诺马县警长唐·史缀克在1975年写的一份报告中提到的受害人数相同（但这些受害人中有的是被另一名连环杀手泰德·邦迪谋杀的）。

杀手的来信

1969 年 7 月底，杀手向报社发送了一条信息。这则信息被分成了 3 个部分，每一个部分都被分别寄往 3 个不同的报社。信息的开头寄给了《旧金山纪事报》：

> 亲爱的编辑，我就是去年圣诞节前在贺曼湖路杀死 2 个学生和今年 7 月 4 日在瓦列霍高尔夫球场边杀死那个女孩的杀手。为了证明我就是杀死他们的那个人，我会讲一些只有我和警方知道的细节。

接下来的内容讲述了许多犯罪现场的细节，其中包括一些警方从来没有向公众公布的信息。每一封信件中还有一段加密的文字，杀手称如果能解密这 3 段文字，并把它们连起来读就能揭开他的真实身份；他还威胁说，如果这些文字没有出现在第二天的版面头条上，他就会在下周末再次行凶。

密文的意思被破解了，但这里面没有任何关于杀手身份的信息，全是挑衅的话：

我喜欢杀人，因为很有趣。

另外补充道：

我才不会告诉你们我的名字，因为你们会妨碍我收集我的奴隶。

他认为自己死后会在天堂重生，在天堂里，他今生收集的奴隶会伺候他。

一个星期以后，杀手又寄来一封信，信中自称"黄道十二宫"，并描述了他最近一次犯罪的细节。

在出租车司机被杀的几天后，3家报社都收到了受害者的血衣碎片，附带一张字条，上面写着：

这是黄道十二宫在和你们对话。我就是杀死司机的杀手……为了证明我所说的话，特意寄给你们一块染血的衬衣。

接着又恐吓说，他准备袭击一辆载满小孩的校车。在后来的一封信件里，他甚至写了一个准备执行的炸弹计划，还用一整段话羞辱那些不小心让他在犯案后逃掉的警员：

> 嘿，猪头！事情搞砸了还碰一鼻子灰，难道你不
> 生气吗？

接连好几周，警方都严阵以待地守护着市区内的校车，但并没有发生袭击行为。在 1974 年之前"黄道十二宫"一直都给警方和媒体写信，但后来也没有再发现他犯下别的罪行。然而，1974 年 1 月的一封杀手来信中说明，受害者的名单远比警方以为的要长——

> 我：37；SFPD：0

（SFPD 是旧金山警察局的简称）

杀手"黄道十二宫"前后一共寄了 20 多封信（很多在 20 世纪 70 年代收到的信件都被证实是假的）。每封信上都有杀手画的一个符号，圆圈里面一个十字架，这个符号刚好和那个时代的一个手表品牌的标志相同，而这个手表品牌的名字就叫"黄道十二宫"。

图 11　杀手"黄道十二宫"的信件中使用的签名符号

头号嫌疑人

美国警方和联邦调查局先后调查了约 2500 名嫌疑人，但没有逮捕过任何一个人。其中接受调查最多的一名嫌疑人就是亚瑟·李·艾伦，一名有着猥亵未成年人犯罪记录的教师。

艾伦是被他的家人和朋友举报的，他们都坚信艾伦就是杀手"黄道十二宫"。他的姐姐说，曾见艾伦拿着一张有奇怪符号的信纸，其内容和杀手"黄道十二宫"的加密信息一样奇怪。他的姐夫也说，就在伯耶萨湖凶杀案案发当天，他看见艾伦的车里有一把沾血的刀。但艾伦的指纹和史汀的出租车上发现的罪犯指纹并不吻合。

艾伦的笔迹与媒体和警方收到的罪犯来信的笔迹有些许共同特点，但还没有相似到可以断定为同一个人的笔迹。

艾伦的鞋码也与伯耶萨湖边发现的罪犯脚印相符，而且艾伦住的地方离每个犯罪现场都很近。还有一些第三方提供的证据，但大多都没能说服警方，或者警方认为都只是些巧合罢了（例如，有一段时间艾伦戴的手表正好是"黄道十二宫"这个品牌）。

艾伦做了 10 个小时的测谎，他通过了测试。美国联邦调查局声称，在艾伦的家里发现了制作炸弹的原材料，而且一名幸存的受害者也指认艾伦为袭击他的人。但目睹了出租车司机被害案的目击者又称艾伦的面容和他们所见过的罪犯并不相同。

艾伦始终没有被逮捕，也没有作为杀手"黄道十二宫"被公诉。直到 1992 年，时年 58 岁的艾伦因自然原因死亡，死前他依旧否认自己参与过任何谋杀行动。艾伦在被下葬之前，法医给他做了一次尸检，借机提取了艾伦的脑样本组织。多年后，这份脑样本组织被用于 DNA 分析。

多年以来，不管是业余的还是专业的调查员都一直在潜心研究"黄道十二宫"的案子，不断地提出新的假设，列出新的嫌疑人。他们还为此写了好几本书，建立了网站和论坛，但这些活动都没能提供什么有力的证据。直到今天，还不断有人向警方发邮件，提供可疑人员的名单（通常都是举报者自己的父亲、叔叔或是其他亲戚）。

可以用来分析的主要证据就只有这个臭名昭著的杀手寄来的那些信和信封。但警方没能在信件上发现任何指纹，而笔迹研究也没有得出太有用的结论。

2002 年，旧金山警察局的森耐·霍尔特博士在杀手"黄道十二宫"使用的信封中，从一张邮票的背后发现了DNA。由于能提取的 DNA 数量极少，能分析它的唯一办法就是使用 PCR 技术复制扩展基因信息。

邮票的发现

警方将邮票背后提取到的 DNA 与艾伦和其他两名嫌疑人的 DNA 做比较（艾伦的 DNA 是从之前在尸检中提取的样本里采集的）；其余两名嫌疑人，一个名叫查尔斯·柯林斯，另一个是一名商人，警方没有公开他的名字。

查尔斯·柯林斯是被自己的儿子威廉举报的，威廉是一名新闻学的学生，他向警方举报他父亲的字迹和杀手"黄道十二宫"的十分相似，鞋码也一致，除此之外，罪犯行凶的那段时间，他的父亲刚好住在旧金山，长相也与警方发布的嫌疑犯肖像十分相似。另外，杀手"黄道十二宫"

的一封信中也包含他父亲的名字首字母的缩写（CCC）。

柯林斯于 1993 年就去世了，由于已经找不到样本提取他的 DNA，威廉提供了一份自己的血液样本和一个他父亲生前用唾液黏过的信封。

来自新泽西州的麦克·罗德里是另一名嫌疑犯的举报者。据麦克称，在杀手"黄道十二宫"第一次行凶的前几个月，《旧金山日报》上就已经发表过一封文风与杀手极其相似的公开信，而这封信就是他所举报的这位嫌疑人签字发表的，而且他坚信，正是这封信昭告血雨腥风的到来。而当时正好在旧金山工作的嫌疑人向警方提供了一份自己的血液样本，他说这样做只是为了证明那个举报他的人神志不清。

霍尔特博士做了 DNA 对比之后宣称，从邮票背后提取的 DNA 与 3 名嫌疑人的 DNA 并不相符。这说明他们 3 人都没有将邮票贴上信封，但这也不排除他们 3 人中有人是罪犯的可能性。因为从调查一开始，警方就怀疑杀手至少有一个同伙，而这名同伙的主要任务就是分散警方的注意力。

完美犯罪的美梦

2004 年，旧金山警察局停止"黄道十二宫"杀人案的调查，理由是现在很多案件有待解决，警方应该更有效地使用警力资源。但是后来，这起尘封的案件被三番五次地重新启动调查，因为不停地有人举报新的嫌疑人。

2009 年 4 月，一个女人在旧金山召开了一次新闻发布会，宣称自己几年前已故的父亲就是杀手"黄道十二宫"。据她说，她小时候曾亲眼见过几次自己的父亲行凶，还帮助自己的父亲写过几封寄给警方和媒体的信，而且她还持有出租车司机保罗·史汀的眼镜，声称是当年她父亲行凶后带走的纪念品。一名从事犯罪专题报道的记者开始深入研究这一案子，但有一天这名女子打电话告诉他说自己还是约翰·肯尼迪的私生女，记者察觉到了不对，便停止了调查。几个月后，警方排除了眼镜属于受害者的可能性。

许多业余调查者也在追寻杀手"黄道十二宫"的蛛丝马迹。如果出现了有价值的线索，警方还是会介入调查，但其他时候都不会对这个案子投入太多精力。杀手"黄道十二宫"曾经寄过一封信，上面全是密码，直到现在都还没人能破解，但还是有人在不断尝试解密这封信。在另一

封信上，杀手写下了"我的名字是"，后面紧接着的是 13
个抽象的符号，到现在也没有破解。

"黄道十二宫"连环杀人的故事为多部电影里恶棍角
色的塑造提供了素材与灵感，如"天蝎"和"双子"。"天蝎"
是电影《肮脏的哈里》中的虐待狂杀手，克林特·伊斯特
伍德在影片中扮演警探哈里·卡拉汉。"双子"是电影《驱
魔人 3》中的血腥杀手，在影片中，杀手被执行死刑后还
能控制患有阿尔茨海默病的老人的心志，再通过他们继续
犯罪。电影《七宗罪》和《搏击俱乐部》的导演大卫·芬
奇执导了电影《十二宫》，影片中，小罗伯特·唐尼扮演
了一名真实存在的记者，这名记者曾亲眼看见杀手"黄道
十二宫"的恐吓信件。

从 1998 年开始，美国多家电视台都播出了节目《全美
通缉令》，目的在于广泛传播在逃罪犯的信息，并提醒观
众如果有人认识他们或是知道他们在哪儿，一定要通知警
方。截至 2011 年底，公众的电话举报已经帮助警方抓获了
1160 名逃犯。

在 2 月 19 日播出的《全美通缉令》中展示了一张照片，
照片中一男一女相互搂着对方，照片中的女人正是"黄道
十二宫"案件的一名受害者——达琳·弗仁。但没人知道

照片中的男人是谁，他的长相和几名目击者对杀手长相的描述有些接近。直到现在，还是没有民众打电话给警方指认照片中的陌生男子。

或许杀手"黄道十二宫"早已将自己的秘密带进了坟墓；又或者他现在已经是一名白发苍苍的老者，一面担心是否会有警察叩开自己的房门，一面做着完美犯罪的美梦。

结束语

当我写下这最后几行时，已经是 2003 年 2 月了。到这个月的最后一天，DNA 结构就已经被发现 50 周年了（再过几个月，就是沃森和克里克的文章在《自然》杂志上发表 50 周年的纪念日）。全世界都在筹备活动来纪念这个日子，从科学研讨会到艺术展。

我浏览了一下最近几周的期刊报纸。几天前，第一只从成年动物细胞中克隆出来的克隆羊多莉被执行了安乐死。到现在也无法确定折磨多莉的疾病到底和克隆有没有关系（当初克隆多莉的科学家伊恩·维尔穆特认为这一问题尚不能妄下定论）。在西伯利亚发现的猛犸象完整的 DNA，发现它的专家们在考虑是否克隆这些基因。法庭下令做 DNA 分析，调查律师强奸案中的一名受害者是否是他的亲生女儿。认为人类是由外星人通过基因工程创造的雷尔派成员，宣称他们已经从人体乳腺中克隆出了 3 个儿童（并承诺会克隆更多）。数十万美国士兵包围了伊拉克，等待着进攻的命令，据说他们在离开美国之前都被提取了 DNA 样本，以备他们在战死之后没有办法能够确认他们的身份时，还能通过基因测试认定身份。与 DNA 有关的新闻几乎每天都能在报纸上读到。

当我开始写这本书的时候，收集了大量的故事与素材。最后我选择了那些让我觉得最令人兴奋、好奇或是最让人担忧的故事写进了书里。这些故事让我思考，作为物种我们是什么？作为个体我又是谁？我们在茫茫大自然中又占据着什么位置？希望至少在某些时刻，能唤起你们相似的想法或感受。

如果你们读了这本书，且不说你们对这本书是否喜爱，至少说明科学对你们是有吸引力的。这是件好事情。不要远离科学，请靠近科学。大胆地走进实验室吧，提出你们心中的疑问。如果不明白的话，就寻求更清楚的解释。

请记住，正是科学方法的存在，才能够提高人民的生活质量，促进国家的长足发展。而不愿意这样做的国家就只能依赖于其他发展科技的国家。贾瓦哈拉尔·尼赫鲁就明确表示过："印度太穷了，以至于不得不投资科学。"

第二版的结束语

是的，是时候更新《旋转吧，令人着迷的 DNA》了。这本书写于 2003 年，2004 年出版，书中讲述了一系列科学与现实生活相交错的故事。这两者有一个共同点，那就是永远都处在变化之中，所以如果在本书出版的几年后故事发生了变化也不足为奇。

最重要的新消息要属尼安德特人核 DNA 的成功读取，还有亚历山大与他姐姐的骸骨被发现。所以我对第六章和第八章的内容做了大规模的修改。在读了金博士和沃森的两本书（详见"推荐书目"）之后，我实在无法抗拒诱惑，几乎重写了整个关于罗曼诺夫家族的章节。

然而，"黄道十二宫"杀人案至今仍是一个谜团，但后来发生了一些有趣的事情，我把它们添加进了这一章节。

我还借此机会对自己的文风做了一些修改。有的作者就说过，他们没有办法停止对自己的文章的修改，对我来说也正是如此。当我发现自己在同一个地方改了又改之后，我才让自己放弃修改。

除此之外，我还修正了一些其他错误。我认为其中最严重的一个错误就是在第一版中，我曾提到是列宁下令杀害了罗曼诺夫一家。在读了一些新的书目之后，我相信没有证据说明当初列宁曾下过这样一道命令。消灭罗曼诺夫家族的决定都是由乌拉尔当地政权做出的。

最后，我删除了脚注（大部分都添加到正文中了），并且增加了一些可以帮助理解文字的插图。

感谢所有写信告诉我读过《旋转吧，令人着迷的DNA》的读者，谢谢他们将自己的感想告诉我，以及他们对书的评论。也要感谢那些用我的书来开展课堂活动的中学老师们，以及那些为了做课堂活动向我提出疑问和采访我的同学们。这一切都让我无比开心。

感谢迭戈·戈隆贝尔和卡洛斯·迪亚斯，当我提出修订这本书的建议时，他们立刻热情地接受了。感谢埃克托·贝内代蒂和加布里埃拉·维哥对本书的修改、建议和出版。感谢劳拉·坎培格纳、埃塞基耶尔·马丁内斯、希梅纳·伊瓦罗拉，以及所有阿根廷21世纪出版社的工作人员，感谢他们永远对我张开温暖的怀抱。

有些章节的精短版本已经提前发表在《第十二页》的增刊《未来》上，其余的章节只在本书中出现。

感谢大家，下本书再见。

2011 年 12 月 17 日，于布宜诺斯艾利斯

词汇表

DNA　脱氧核糖核酸。携带遗传信息的生物分子。

线粒体 DNA　线粒体中的环形 DNA，通过母系血脉传承。

核 DNA　细胞核中的线状染色体（人类拥有 23 对）。

进化树　表示物种或种群之间进化关系的图解方法。有的仅反映特定群体之间的关系，有的图表中会加入时间因素，以此设置进化树分支的时间。

受精卵　一颗卵子和精子结合后的细胞，新生命产生的开始。

克隆　从某生物体的 DNA 中复制出相同 DNA 的技术。该术语也用于分离出 DNA 序列后，将其导入受体细胞以获得更多副本的行为。

染色体　细胞核和线粒体中的每一个 DNA 分子（以及相关的蛋白质）。

性染色体　取决于个体的性别而可能存在或不存在的染色体，或者其副本数量因性别而异。对人类而言，性染色体是第 23 对染色体，女性为 XX，男性为 XY。

酶　具有催化功能的蛋白质（例如糖的代谢和 DNA 分子的产生）。

限制性内切酶　可以从特定位置切断 DNA 序列的酶。分子生物学实验室中广泛运用的一种工具，能够有效地、有控制地切割出 DNA 片段。

物种　一群相互之间可以交配并繁衍后代的生物类群，不同物种之间不能交配。

化石　以各种方式保存至今的古老生物的遗体或生物活动所留下的遗迹。例如，石化的木头和骨头、琥珀中的昆虫、自然的动物甲壳印记、恐龙的脚印。当生物体内部的小洞或孔隙内被填入矿质并开始硬化时，化石便开始产生。

基因　含有制造至少一种蛋白质的信息的 DNA 序列（有一些分子机制允许一个基因产生多个蛋白质）。

基因组　生物体中所有遗传信息的集合。

人科　由 16 个不同物种组成的灵长目动物群体，其中只有一个物种存活至今：智人。

智人　人类的科学用名。

家族　两种或两种以上拥有相同祖先的群体。

线粒体　细胞质中的微粒，携带 DNA，也是细胞进行呼吸的场所。

分子　由紧密结合的原子组成。生物体中存在的主要分子有蛋白质、DNA、脂质和碳水化合物。

突变　DNA 中核苷酸序列的改变。

核苷酸　构成 DNA 的基本单位。

聚合酶链式反应　英文缩写 PCR，通过 DNA 特定片段上的少量分子获取上亿副本的方法。

灵长目　哺乳纲的一目，最高等的哺乳动物，其中包括原猴亚目（狐猴、眼镜猴等）和类猿人亚目（猿猴子、猩猩、人）。

蛋白质　由一种或多种氨基酸构成的分子。

分子钟　利用 DNA 中累积的基因突变数量测量时间的方法。

DNA 序列　DNA 分子中核苷酸的排列顺序。

DNA 测序　确定 DNA 分子中的核苷酸的排列顺序。

推荐书目

Watson james, *La doble hélice*, Barcelona,Salvat, 1993

　　书中详尽讲述了 20 世纪最伟大的发现之一诞生时的情景。沃森讲述了发现 DNA 结构的重要人物和重要事件给他的第一印象，他还顺便讲述了科学是如何"创造"的，以及"创造"它的主人公的伟大和苦难的人类是如何成为书中的主角的。

Abuelas de Plaza de Mayo, *Las abuelas y la genética*. Bueos Aires, 2008

　　这本书的撰写始于 1979 年的一个早上，那时候奶奶们刚刚得知，通过血液分析证明了本来并不被承认的两父子的亲缘关系，于是她们开始不懈地寻找这种科学的工具，希望通过科学帮助她们找回在军事独裁时期被绑架的孙子、孙女。

King Gregy Wilson Penny, *The fate of the Romanovs.*
Nueva Jersey, Wiley&Sons, 2003; y The resurrection of the
Romanovs, Nueva Jersey, Wiley & Sons, 2011

第八章中关于罗曼诺夫家族的故事大部分都来自于这两本书细致的描述。第一本书讲述的是罗曼诺夫家族生平的最后几个月，以及第一个墓穴的发现和墓穴中骸骨的鉴定过程。第二本书讲述的是安娜·安德森的生平，以及她假的安娜塔西娅的身份是如何被验证的。

Cavalli-Sforza Luca Francesco, *¿Qué somos?,* Barcelona,
Crítica, 1993; Cavalli-Sforza Luigi Luca, Genes, *pueblos y*
lenguas, Barcelona, Crítica, 2000

在这两本书中，卡瓦利·斯福扎总结了他毕生研究人类基因的历史与地理的成果，解释了为什么人类种族的概念是缺乏生物学基础的，并向我们阐释了人类的基因、种族和语言在全世界的分布都是一系列自非洲发源的人类迁移活动的结果。同时，作者还向我们传达了驱使他潜心研究工作的主要动因：研究工作带来的快乐，科学技术的实用性，探索未知事物的乐趣，以及在探索中每个答案都能引发新问题的奇妙过程。

Sykes Bryan, *Las siete hijas de Eva,* Barcelona, Debate, 2001

在参与了冰人蒂罗尔 DNA 分析和波利尼西亚人起源分析等生物分子研究之后，赛克斯讲述了他如何在时间和空间上定位 7 个女人的，欧洲 95% 以上的居民都是这 7 个女人的线粒体的后代。书中有作者对错综复杂的科学的个人看法与思考，在描述这 7 个女人的日常生活时，还加入了自己大量的想象。

Arsuaga Juan Luis, *El collar del neandertal,* Barcelona, Nuevas Ediciones de Bolsillo，2000

冰川时代的一次愉快的私人豪华之旅。讲述了近百万年以来欧洲发生过的冰川作用，以及欧洲居民是如何创造家园的，书中勾勒出尼安德特人的肖像（特别是在阿塔普尔卡山发现的尼安德特人，因为该地区是截至作者写作之时，发现尼安德特人化石最多的地区）。作者用了两个章节来介绍欧洲生态系统，一个章节介绍意识和语言的出现，最后引出了对尼安德特人灭亡原因的猜想。

Ridley, Matt, *Genoma,* Madrid, Suma de Letras，2001

该书共有 23 个章节，每一章节介绍了一对人类染色体。雷德利在每一对染色体中选择了一个基因来讲述它的故事。作者用清晰的文字解说了一系列基因课题，如人类物种的起源，以及分子生物学将给人类带来的医学领域的进展等。

Los libros de Stephen J. Gould

27 年间，哈佛大学动物学与地质学教授斯蒂芬·古尔德每个月都为《自然历史》杂志撰写专栏。目前为止，他有 300 篇左右的文章被收编进不同的书中（几乎都有西班牙语译本）。他是达尔文的坚定维护者，但对于进化论中的某些正统理论持不同意见。古尔德提出的大胆假设引来了无休止的争论。读古尔德的文章真的是一件令人愉快的事情，因为他的论述清晰易懂、想法独特，而且每次引出话题的方式都让人意想不到，他总能从个人经历中一个微不足道的小细节中引发科学思考。

图书在版编目（CIP）数据

旋转吧，令人着迷的 DNA/（阿根廷）劳尔·阿尔索卡拉伊著；李文雯译 . -- 海口：南海出版公司，2024.7
（科学好简单）
ISBN 978-7-5735-0446-3

Ⅰ.①旋… Ⅱ.①劳… ②李… Ⅲ.①脱氧核糖核酸—普及读物 Ⅳ.① Q523-49

中国国家版本馆 CIP 数据核字（2023）第 109585 号

著作权合同登记号　图字：30-2023-032

Una tumba para los Romanov y otras historias con ADN
© 2008, Siglo XXI Editores Argentina S.A.
Segunda edición, ampliada y actualizada: 2012
© of cover illustration, Mariana Nemitz & Claudio Puglia

（本书中文简体版权经由锐拓传媒旗下小锐取得 Email:copyright@rightol.com）

XUANZHUAN BA，LING REN ZHAOMI DE DNA
旋转吧，令人着迷的 DNA

作　　者　[阿根廷] 劳尔·阿尔索卡拉伊
译　　者　李文雯
责任编辑　林子琦
策划编辑　张　媛　雷珊珊
封面设计　柏拉图
出版发行　南海出版公司　电话：（0898）66568511（出版）　（0898）65350227（发行）
社　　址　海南省海口市海秀中路 51 号星华大厦五楼　邮编：570206
电子信箱　nhpublishing@163.com
印　　刷　北京建宏印刷有限公司
开　　本　880 毫米 ×1230 毫米 1/32
印　　张　5.75
字　　数　90 千
版　　次　2024 年 7 月第 1 版　2024 年 7 月第 1 次印刷
书　　号　ISBN 978-7-5735-0446-3
定　　价　46.80 元